LES CLÉMATITES

ÉTUDE
SUR LES ESPÈCES ET VARIÉTÉS

INTRODUITES

DANS LA CULTURE ET LE COMMERCE HORTICOLES

depuis cinquante ans

(1845 – 1896)

SUIVIE

d'un essai de classement

DES HYBRIDES OU CLÉMATITES

à grandes fleurs

PAR

Le Docteur Jules LE BÈLE

Extrait du Bulletin de la Société d'Horticulture de la Sarthe
3ᵉ trimestre de 1896, tome XII

LE MANS
TYPOGRAPHIE EDMOND MONNOYER
PLACE DES JACOBINS

1896

LES CLÉMATITES

ÉTUDE

SUR LES ESPÈCES ET VARIÉTÉS

INTRODUITES

DANS LA CULTURE ET LE COMMERCE HORTICOLES

depuis cinquante ans

(1845 – 1896)

SUIVIE

d'un essai de classement

DES HYBRIDES OU CLÉMATITES

à grandes fleurs

PAR

Le Docteur Jules Le Bêle

Extrait du Bulletin de la Société d'Horticulture de la Sarthe
3e trimestre de 1896, tome XII

LE MANS
TYPOGRAPHIE EDMOND MONNOYER
PLACE DES JACOBINS

1896

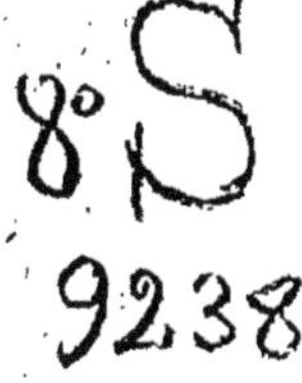

LES CLÉMATITES

ETUDE (1)

SUR LES ESPÈCES ET VARIÉTÉS CULTIVÉES

Qui ne cultive et ne connaît la Clématite ? C'est de temps immémorial, la plante grimpante par excellence, la *liane* de nos haies et de nos jardins.

Le type du genre est la Clématite des haies (*Clematis vitalba*), la *Viorne* de nos campagnes, la *Joie du voyageur* de nos voisins d'Outre-Manche. Elle grimpe souvent des haies jusqu'à la cime des arbres voisins ; en juillet, ses belles grappes de fleurs blanches ont une odeur agréable, et durant l'hiver, quand tout est nu, dépouillé de feuilles, ses aigrettes soyeuses, qui survivent à la végétation, sont encore un ornement et un agrément sur le bord du chemin. Elle appartient essentiellement à l'Europe centrale et septentrionale.

A côté de la Clématite des haies, se place naturellement la *Clématite odorante* (*Clematis flammula*) de nos jardins. Il y a 40 ou 50 ans, c'était presque la seule espèce communément cultivée, sur nos tonnelles, dans les cours ou sur les murs qui bordaient nos rues. En août, ses buissons de petites fleurs blanches, embaumaient l'air du parfum le plus suave.

A côté de cette dernière espèce, on voyait dans quelques jardins, la Viticelle, (*Clematis viticella*) si distincte par ses fleurs plus grandes, à sépales en croix, bleu, violet ou pourpre.

(1) Cette étude sur les Clématites a été publiée en une série d'articles, de 1877 à 1882, dans le *Bulletin de la Société d'horticulture de la Sarthe*. Nous en donnons ici, une nouvelle édition entièrement refondue et augmentée.

Enfin, dans les jardins d'amateurs, on rencontrait deux espèces vivaces, non grimpantes : la Clématite droite *(Clematis erecta)* et la Clématite à feuilles entières (*Clematis integrifolia*).

C'était à peu près tout, à cette époque où les instroductions de plantes exotiques étaient encore chose rare. On se bornait à la culture des cinq espèces précédentes qui appartiennent au continent Européen. Il est vrai de dire, pourtant, que les jardins botaniques renfermaient déjà un certain nombre d'espèces de Clématites étrangères, appartenant à l'Amérique septentrionale, telles que les *Clematis viorna*, *crispa*, *cylindrica*, etc. Quelques autres espèces même, et ce n'était pas les moins intéressantes, appartenaient aux régions alpines et à la région méditerranéenne de l'Europe, formant dans la famille deux groupes bien distincts : *les Atragènes*, avec leurs grands sépales et leurs étamines pétaloïdes, figurant des fleurs semi-doubles, et les *Caliculées* ou Clématites toujours vertes, donnant leurs fleurs en plein hiver, à moins d'un froid trop rigoureux.

A ces deux groupes, ajoutons encore la Clématite d'Orient, (*Clematis Orientalis*), du Caucase, avec ses fleurs jaunes.

Nous en étions là dans nos cultures, il y a 50 ans. Les Clématites du Japon et de la Chine n'étaient pas encore introduites. Siébold, Fortune et autres botanistes explorateurs allaient bientôt nous apporter des formes nouvelles, à larges fleurs, avec des teintes jusqu'alors inconnues, dans les *Azurées* (*Clematis azurea ou patens*). Déjà le Japon avait fourni le groupe *des Florida*, dont une variété à fleurs très-doubles se trouvait dans les serres froides, sous le nom d'*Atragène des Indes*.

La Clématite des Montagnes (*Clematis montana*), du Népaul, venait aussi de faire son apparition et devait bientôt se répandre partout comme notre *Clematis flammula*.

Un peu plus tard, la Chine nous a donné la plus belle des Clématites, la Clématite lanugineuse (*Clematis lanuginosa*).

A dater de l'introduction des *Clematis azurea et lanuginosa*, les Clématites sont véritablement entrées dans le domaine horticole, comme des plantes de mérite, susceptibles d'être hybridées et perfectionnées par le semis et la culture.

Nous tâcherons de faire ici l'histoire des Clématites en établissant d'abord et groupant par sections naturelles les espèces botaniques, chose difficile aujourd'hui au milieu de la masse des hybrides dont le nombre va toujours croissant.

Avant d'aborder la description des nombreuses espèces de Clématites cultivées, nous croyons intéressant pour nos lecteurs de leur dire comment nous est venu, il y a plus de quarante ans, notre goût pour les Clématites, et les efforts que nous avons faits pour rechercher de tous côtés et collectionner les espèces de ce beau genre.

C'était alors, au Mans, une époque *florissante* pour l'horticulture, les adeptes étaient nombreux et distingués : qu'il nous suffise de citer MM. Foulard, Narcisse Desportes, Guéranger, Anjubault, Drouet, de Richebourg, etc..., tous vraiment amateurs et ardemment attachés à leurs collections de plantes de serres ou de plein air. Ce fut M. Desportes, botaniste distingué, auteur de la *Flore du Maine*, qui me lança dans les Clématites un jour que je lui faisais part de mon inclination pour les plantes grimpantes. Mon choix était tant soit peu favorisé, il faut le dire, par les étroites limites d'un petit jardin, enclos de murs et de treillages, où je n'avais pleine liberté qu'en montant et m'élevant vers le ciel.

« Vous pouvez arriver à réunir une quarantaine d'espèces de Clématites », me dit Narcisse Desportes. Je fis mieux ; je parvins, au bout d'une dizaine d'années, à grouper 70 ou 80 espèces ou variétés. Mon patron était content de moi, j'avais dépassé son attente.

Je n'étais pas le seul alors à cultiver les Clématites : M. Desportes en avait 25 à 30 espèces qu'il tenait rangées en école, comme les autres plantes de son jardin, plutôt botanique qu'horticole. Chez M. Foulard, il y en avait un grand nombre, éparpillées au milieu de collections de toutes sortes, formant une vraie encyclopédie horticole. Nous voyons encore au milieu de son vaste jardin de la place Saint-Germain, garnissant les murs ou le pied des arbres, dans des endroits abrités, les *Clematis florida* : (*l'Atragène des Indes* et la *Bicolore de Siébold*) ; l'*Atragène d'Amérique*,

(*Atragene americana*), avec ses cloches semi-doubles, rose pourpre ; et d'autres espèces rares, aujourd'hui disparues des catalogues, telles que la *Clematis aristata*, de la Nouvelle-Hollande, rentrée l'hiver en orangerie, et aussi la *Clematis Nova-Zelandica*, Clematite de la Nouvelle-Zélande, que nous avons vue passer bien des hivers, couchée au pied d'un mur au midi, abritée sous une planche avec un peu de paille. Sa floraison était printanière et dioïque comme celle des espèces Australiennes que nous avons connues. Une année, nous fûmes tout surpris, M. Foulard et moi, de trouver écloses sous la planche, aux premiers rayons de soleil, de belles fleurs d'un blanc de lait, du plus bel effet, et se rapprochant des fleurs d'une espèce voisine, de la même région, la *Clematis indivisa var. lobota*. C'est la seule fois, peut-être, que la Clématite de la Nouvelle-Zélande ait fleuri en plein air sous notre climat.

Les amateurs de cette époque n'étaient pas seuls à avoir des Clématites, nos principaux horticulteurs de profession, notamment MM. Tassin, Moulin, Bougard, en étaient montés. On trouvait déjà chez eux l'*Azurée* du Japon, la *Japonica Lowii* et la Clématite des Montagnes (*Clematis montana*), du Népaul. L'Atragène des Alpes, les Viticelles, les *Clematis erecta* et *integrifolia*, se trouvaient partout, au moins les dernières, avec notre vieille Clématite odorante (*Clematis Flammula*).

Nous ne ferons ici la description que des espèces que nous connaissons et que nous avons cultivées pour la plupart, en les partageant en sections, suivant leurs affinités naturelles. Nous chercherons ensuite à classer les hybrides, en résumant les caractères des divers types auxquels elles se rattachent, et qui forment comme autant de races.

Ce travail, publié sous les auspices de la *Société d'horticulture*, sera utile aux horticulteurs de profession auxquels il s'adresse spécialement. Nous espérons qu'ils lui feront bon accueil, parce qu'il est l'œuvre d'un vieil amateur qui a toujours vu ou cultivé par lui-même.

CLÉMATIDÉES — CLEMATIDEÆ

Les Clématites forment une tribu très naturelle de la famille des Renonculacées.

Elles sont voisines des Renoncules et des Anémones ayant, comme ces dernières, les fleurs régulières et grâcieuses, aux couleurs variées, mais elles en diffèrent par leur port et leurs habitudes.

Toujours vivaces, leurs racines fibreuses et leurs tiges grêles, longues et sarmenteuses, en font des plantes essentiellement *grimpantes*, c'est par leurs pétioles enroulés qu'elles s'accrochent fortement aux tuteurs ou aux branches des plantes voisines. Le plus souvent buissonnantes, dans les haies, elles s'élèvent parfois dans les arbres à de grandes hauteurs. Quelques espèces ne sont pas accrochantes, simplement vivaces, elles se rabattent complètement, d'autres sont sous-frutescentes.

Les Clématites sont cosmopolites. Elles croissent dans les cinq parties du monde, sous toutes les latitudes, et à toutes les hauteurs, là où la température abaissée permet encore la végétation. On les trouve dans les régions alpestres et himalayennes de l'Europe et de l'Asie, comme dans les forêts basses des contrées équatoriales de l'Inde, de l'Afrique et de l'Amérique. Il est vrai de dire cependant qu'elles affectionnent les régions tempérées du globe.

Ordinairement hermaphrodites, les Clématites sont quelquefois monoïques ou dioïques.

Les fleurs sont apétales. Le périanthe simple est muni de sépales pétaloïdes.

Il est rare, dans les espèces, de voir les plus extérieures des étamines multiples se transformer en pétales comme dans les *Atragènes* ou de rencontrer des fleurs pédicellées ou non, munies d'un *calicule* simulant un calice ou mieux un involucre. Dans les Clématites, les carpelles multiples sont indéhiscents, souvent terminés par des aigrettes plumeuses.

L'inflorescence est très variée. Les fleurs sont le plus souvent en panicules, en cimes ou corymbes, en fascicules, en longs racêmes foliacés, et même à pédoncules simples ou solitaires.

Les fleurs de toutes couleurs, sont aussi de toutes dimensions : petites, moyennes, grandes ou très grandes, étalées de manière à mesurer de 20 à 25 centimètres de diamètre. Ce sont les Clématites à grandes fleurs, ces hybrides brillantes si en faveur aujourd'hui, et dont le nombre, croissant chaque année, vient enrichir de nouveaux gains le domaine horticole.

Le nombre des espèces de Clématites, connues et décrites, est aujourd'hui de 240 environ, d'après la table du jardin de Keev (*Index Keevensis*). Ce nombre s'est considérablement accru depuis Linné, qui ne connaissait pas plus de 25 à 30 espèces.

Quant aux variétés et aux hybrides horticoles, je ne saurais en déterminer le nombre.

Les Clématites considérées au point de vue de leur port, comme de leurs fleurs et de leurs ressemblances naturelles peuvent se partager en 9 sections :

1° Les *Paniculées*, 2° les *Viticelles*, 3° les *Floridées*, 4° les *Azurées*, 5° les *Lanugineuses*, 6° les *Pétalées* ou *Atragènes*, 7° les *Calycinées* ou *Caliculées*, 8° les Clématites non classées (*incertæ sedis*), 9° les *hybrides*.

PREMIÈRE SECTION

Clématites paniculées (Paniculatæ)

Les Clématites *paniculées* sont les Clématites *proprement dites*, à petites fleurs blanches, jaunes ou jaunâtres en panicules plus ou moins longues. Les feuilles sont pinnées ou bi-pinnées et les carpelles munis d'aigrettes soyeuses comme dans la *Clématite des haies*.

Elles sont sarmenteuses et grimpantes (*scandentes*) ou vivaces et dressées (*erectæ*).

Les Clematites de l'Europe, les plus communes, appartiennent à cette section et sont le plus anciennement répandues.

Mais nous verrons que ces Viornes, comme notre *Clematis Vitalba*, se retrouvent partout, si bien que l'on peut dire que chaque grande région du globe a sa *Viorne propre*.

Nous décrivons ici vingt-huit espèces que nous avons cultivées. Nous les rattachons aux sept types suivants :

1° *Flammula*, 2° *Erecta*, 3° *Vitalba*, 4° *Glauca*, 5° *Himalayensis*, 6° *Aristata*, 7° *Nova-Zelandica*.

I. Flammula

Les *Clématites flammules* qui suivent, au nombre de neuf espèces, sont à petites fleurs, souvent odorantes. Sauf deux qui sont Asiatiques, elles appartiennent à l'Europe méridionale et à l'Amérique septentrionale.

1° *Clematis flammula.* Linn. C'est la Clématite odorante (*Cl. fragans, Ten.*) de nos jardins, qui en juillet et août, embaume l'air de son parfum de noyau et de vanille. Elle garnit parfaitement les tonnelles et monte à une certaine hauteur, jusqu'à ce qu'elle fasse un buisson compacte, hérissé de fleurs.

Originaire du midi de la France et d'autres parties de l'Europe australe, nous l'avons trouvée aux Pyrénées, à Bagnères-de-Luchon, et en Espagne, dans la Catalogne, au Mont-Serrat. Elle est la *Viorne* de la région Méditerranéenne.

Elle a été introduite dans nos cultures en 1596.

La *Clématite flammule* a plusieurs variétés. Nous en connaissons trois : l'une à fleurs rougeâtres en dehors (*Cl. flammula rubella*) ; l'autre à pédicelles plus fins, plus déliés, donnant au buisson un aspect plus moelleux et plus délicat, (*Cl. flammula cæspitosa*). Enfin une troisième variété plus vigoureuse, à feuilles et fleurs plus grandes et plus fermes, porte le nom de *Cl. flammula robusta*.

2° *Clematis maritima.* Linn. La *Clématite maritime* croît sur les bords de la mer, dans les parties méridionales de la France et aux environs de Venise. Elle est généralement considérée par les botanistes comme une forme de la *Cl. flammula*. Elle s'en distingue par ses tiges grêles, d'abord couchées et se relevant ensuite de 60 centimètres environ, et par ses feuilles dont les segments sont linéaires. Nous n'avons jamais été à même de bien constater ces caractères.

3° *Clematis angustifolia.* Jacq. La *Clématite à feuilles étroites* est vivace ou sous-frutescente plutôt que sarmenteuse et grimpante. Les tiges assez grêles, vertes, marquées de lignes brunes parallèles, s'élèvent de un mètre cinquante centimètres à deux mètres, s'accrochant encore parfois aux corps voisins par les pétioles des feuilles pinnées ou bi-pinnées, à divisions irrégulières, glabres, et d'un vert foncé. Les fleurs, plus grandes que celles de la *C. Flammula*, plus écartées et portées sur des pédicelles plus longs, ont les sépales bien ouverts et même un peu réfléchis, marqués en dessous de trois lignes roses. Les fleurs sont odorantes. Leurs panicules terminales, lâches, forment, par leur réunion en faisceau un assez joli effet. Floraison en juillet-août.

Cette espèce croit en Autriche, sur les bords de la mer Adriatique, et a été introduite dans les cultures de France en 1797.

4° *Clematis lasiantha.* Fisch. *Clématite à fleurs cotonneuses.* Cette espèce, de Californie, que nous avons cultivée, est très voisine de la précédente. Elle en diffère par ses fleurs, par ses boutons qui sont tomenteux et comme *cotonneux* avant leur épanouissement. Originaire de l'Amérique du Nord, elle a été introduite en France en 1812.

5° *Clematis Pallasii.* La *Clématite de Pallas* est assez élevée et voisine de la *Cl. Angustifolia.*

6° *Clematis Mandschurensis.* La *Clématite de la Mandchourie*, qui nous est venue du jardin de feu M. Foulard a été mise dans le commerce par Simon Louis, de Metz. Elle est vivace, mais ses tiges droites herbacées, s'élèvent à plus de deux mètres ; elle a beaucoup de rapports avec la *Clématite de Pallas*, et a été introduite en Europe en 1840.

7° *Clematis Gebleriana.* Bongd. Cette espèce vivace et presque sous-frutescente est bien distincte de celles qui précèdent. Elle ne s'élève pas à plus de 60 centimètres ; ses feuilles sont entières, grossièrement dentées ; ses fleurs blanches assez larges, en cîme ou épi court entremêlé de feuilles. Nous l'avons vue dans quelques catalogues sous le nom de *Clematis heterophylla*.

Elle est Asiatique, originaire des montagnes de la Songarie et peut-être identique avec la *Cl. Songarica*.

Nous avons perdu cette intéressante Clématite qui ne ressemble à aucune autre. Elle existe peut-être encore à Angers dans les jardins de la maison André Leroy, où nous l'avons vue en dernier lieu.

8° *Clematis holosericea*. Pursh. Nous croyons devoir rapporter à cette Clématite paniculée, à feuilles ternées, une espèce originaire de la Caroline que nous avons cultivée peu de temps et sur laquelle nous retrouvons une note, datée du 21 septembre 1855.

Floraison fin d'août, fleurs blanc-verdâtre, en courtes panicules contenant peu de fleurs, inodores. Etamines extérieures à filets stériles. Bouton conique pointu.

9° *Clematis Drummondii*. Nous nous rappelons avoir possédé et vu fleurir cette petite espèce du Téxas à feuilles finement pinnées, velues, et à fleurs blanches, en petites panicules ou corymbes.

II. Erecta

Les Clématites dressées ou droites sont des *paniculées* vivaces, se rabattant complétement.

1° *Clematis erecta*, All. *C. recta* Linn. La *Clématite dressée* se voit dans beaucoup de jardins. Ses tiges herbacées à feuilles pinnées, sont nombreuses, serrées et s'élèvent à plus d'un mètre. Ses fleurs blanches, forment de belles touffes pendant une grande partie de l'été.

Elle habite les lieux incultes des parties méridionales de la France ; on la trouve aussi en Espagne, en Suisse, en Hongrie, etc.

La *Clématite droite* a plusieurs variétés que nous avons connues, notamment une plus précoce à tiges rougeâtres (*Cl. erecta præcocior*).

Deux autres variétés de *Cl. erecta* ont été obtenues par

Lemoine de Nancy : l'une à fleurs très-doubles (*Erecta flore pleno*) ; l'autre est une hybride à panicules de fleurs violet foncé, et à étamines jaunes, produite par le croisement de la *Cl. erecta* avec la *Cl. integrifolia.*

2° *Clematis lathyrifolia.* Bess. Reich. Cette espèce est très voisine, sinon une variété de la précédente, dont elle diffère par des follioles plus étroites et plus allongées, son port moins élevé.

Toutes les Clématites vivaces dont il faut rapprocher plusieurs espéces du groupe des *Flammula*, comme les *Cl. Angustifolia*, *Lasiantha*, *Geblcriana*, bien cultivées, font un bon effet ornemental dans les grands jardins par leur grâce et leur légèreté. Ajoutons que leurs tiges fleuries, conviennent pour la composition des grands bouquets.

III. Vitalba

Les *Viornes*, dont le type Européen est la *Clematis vitalba*, sont les formes les plus répandues et les plus vigoureuses des *Clématites paniculées.* Elles sont souvent monoïques ou dioïques.

Leurs tiges sarmenteuses, longues et puissantes s'élèvent à de grandes hauteurs et couvrent les buissons de leurs nombreuses fleurs, remplacées par les akènes plumeux qui leur survivent longtemps.

Les *Viornes* sont partout, dans l'Ancien et dans le Nouveau Monde.

Si l'Europe centrale produit la *Cl. vitalba*, le Levant, la *Cl. Orientalis*, le Japon, la *Cl. paniculata*, la Chine, la *Cl. Chinensis*, l'Inde, la *Cl. Gouriana*, l'Afrique Australe, les *Cl. Massoniana*, *Mauritiana* de Maurice et de Madagascar, *Brachiata* du cap de Bonne-Espérance, les deux Amériques ont aussi leurs Viornes : l'Amérique septentrionale, la *Cl. Virginiana*, le continent de l'Amérique du sud, les *Cl. Peruviana et Brasiliana*, et les régions insulaires : la Jamaïque, la Martinique et Saint-Domingue, etc., les *Dioïca*, *Dominica* et *Guadelupæ* (*Cl. Americana*).

Parmi ces nombreuses Viornes qui couvrent le globe et dont l'énumération déjà longue est cependant bien incomplète, un très petit nombre sont cultivées en Europe. Encore celles qui peuvent supporter notre climat, sont-elles reléguées dans les jardins botaniques.

Nous ne décrirons ici que les quatre espèces suivantes : 1° *Cl. Vitalba* ; 2° *Cl. Virginiana* ; 3° *Cl. Grahami* ; 4° *Cl. Paniculata.*

1° *Clematis Vitalba.* Linn. C'est notre *Viorne commune* que tout le monde connaît dans nos haies. En juillet, elle grimpe jusque dans les arbres, les couvrant de ses nombreuses panicules de fleurs blanc-verdâtre et odorantes. L'hiver elle fait encore un ornement le long des chemins avec ses aigrettes soyeuses. Son nom vulgaire d'*herbe aux gueux* vient des propriétés rubéfiantes de ses feuilles pilées, usitées jadis par les plus simples mortels pour remplacer le vésicatoire.

La *Clématite des haies* appartient essentiellement à l'Europe centrale.

2° *Clematis Virginiana.* Linn. La *Clématite de Virginie* qui habite la Virginie, la Caroline, le Canada, est connue depuis longtemps : c'est la *Viorne* de l'Amérique boréale.

Introduite en Europe dès 1767, elle faisait partie du petit nombre d'espèces connues par Linné. Nous l'avons cultivée et vue en premier lieu dans la collection de feu Narcisse Desportes. Elle ressemble à la *Clématite des haies* par ses habitudes et son port.

La *Clématite de Virginie* est dioïque, à fleurs unisexuées. L'individu mâle, le seul que nous ayons connu et vraisemblablement le seul introduit dans nos jardins est nécessairement stérile et il n'offre pas l'avantage de notre *Viorne* Européenne qui, l'hiver, fait encore la *joie du voyageur.*

La *Clématite de Virginie* est très voisine de deux espèces mentionnées plus haut : la *Clématite du Brésil* et la *Clématite dioïque*, de la Jamaïque.

Cette dernière introduite en Europe dès 1723, était connue de Linné.

3° *Clematis Grahami.* Bth. Cette espèce dioïque est originaire du Mexique. Elle a pu se conserver chez nous durant plusieurs hivers doux. L'année qui a suivi sa plantation elle nous a montré ses nombreuses panicules de fleurs mâles, jaunes et gracieuses, mais sentant à plein nez l'odeur spécifique des fleurs de châtaigner. Elle avait pris un développement énorme et ses longs sarments, ainsi que les feuilles n'étaient pas sans ressemblance avec la végétation de la *Clématite des haies*. Nous l'avons perdue dans un hiver rude auquel notre *Viorne Mexicaine* n'était pas habituée dans son pays.

Nous avons reçu la *Clématite de Graham*, sous le faux nom de *Cl. Graveolens*. Ce nom appartient à une autre espèce de la Tartarie Chinoise, avec laquelle elle a fait son apparition dans le commerce horticole. Cette dernière a été figurée dans la Flore des serres de Van-Houtte (1850-51) avec des fleurs jaunes assez grandes et à pédoncules uniflores comme la *Cl. Montana*. C'est par occasion que nous parlons ici de cette espèce qui est loin d'être de la section des *paniculées*. Nous l'avons demandée en vain nombre de fois, sans jamais pouvoir l'obtenir.

4° *Clematis paniculata*. Thumb. J'ai cultivé pendant longtemps une Clématite tout à fait rustique que j'ai reçue sous un faux nom, et que j'ai vue plusieurs fois également innommée ou mal nommée, dans la collection de M. André Leroy.

Cette espèce bien distincte, voisine de la *Cl. Vitalba* à laquelle elle ressemble par le port, nous a paru se rapporter à la *Cl. paniculata*, appelée aussi *Cl. Vitalba Japonica*, Houtt. Originaire du Japon, La *Clématite paniculée* figure dans la *Flora Japonica* de Thumberg et était connue de Linné.

IV. Glauca

Nous réunissons sous ce chef deux espèces de *Clématites paniculées* qui forment un type bien distinct, spécialement caractérisé par leurs *feuilles glauques et glabres*, et leurs *fleurs jaunes*, ouvertes, étalées. Les panicules sont lâches et les carpelles plumeux.

1° *Clematis Orientalis.* Linn. La *Clématite d'Orient* ou du *Levant* est une des plus vieilles espèces connues puisqu'elle est cultivée depuis 1731. Grimpante, avec ses longues tiges sarmenteuses, ses feuilles pennatiséquées sont glabres et glauques, ses fleurs jaunes ou jaunâtres et ses sépales pointus et revolutés. Elle fleurit de juillet à octobre.

Cette *Viorne* occupe en Orient une aire géographique immense, depuis la Russie et le Caucase jusqu'à la région Himalayenne.

2° *Clematis Glauca.* Wild. La *Clématite glauque* qui est de la Sibérie australe est une espèce très voisine de la précédente. Elle est grimpante comme elle, à feuilles composées de segments glauques, glabres, cunéiformes, mais, d'un vert de mer plus accentué. Elle est très traçante et ses fleurs au lieu d'être d'un jaune un peu fauve ou brun, comme dans la *Clématite d'Orient*, sont d'un jaune verdâtre assez net. Les pédoncules sont trifides. La *Clématite glauque* fleurit en juillet.

J'ai conservé longtemps ces deux espèces, et je possède encore la première. Elles ne sont pas ornementales, mais elles ont un aspect particulier et original, un peu Chinois, avec leurs feuilles glauques et leurs fleurs jaunes.

V. Himalayensis

J'ai cultivé plusieurs *Clématites Himalayennes*, ayant pour caractères communs de forts et longs sarments, grimpants; des feuilles pinnatiséquées généralement glabres; fleurs campanuloïdes, hyacintiformes, à sépales connivents, épais, jaunâtres ou jaune-verdâtre, en panicules de 7 à 9 fleurs, à odeur de fleurs de Magnolia. Floraison tardive, automnale, en octobre. Ces espèces himalayennes sont au nombre de trois : 1° *Cl. Himalayensis*, 2° *Cl. Buchaniana*, 3° *Cl. Grata.* Nous y ajoutons une quatrième à fleurs identiques, la *Cl. Japonica Lowii.*

1° *Clematis Himalayensis.* Hort. La plante que nous avons reçue sous ce nom est très voisine de la *Clématite de Buchan.* Ses fleurs, en panicules triflores, par avortement, s'ouvraient du 5 au 10 octobre, en clochettes pendantes, jaunâtres, à sépales épais, tomenteux en-dessous, rapprochés dans leur moitié supérieure, relevés et roulés en papillotte dans la moitié inférieure.

2° *Clematis Buchaniana*. Buchan. La *Clématite de Buchan*, du Népaul, a les feuilles semblables, glabres, les fleurs campanuloïdes, jaune pâle, pédicellées sur des ramilles axillaires, les sépales épais révolutés. Floraison commençant fin de septembre.

3° *Clematis Grata*. Walp. Sous ce nom de *Clématite agréable*, nous avons reçu une espèce voisine des précédentes, mais très caractérisée par ses tiges glabres et glauques et surtout par ses feuilles *connées*, à pétioles élargis à la base, de manière à former avec la feuille opposée une véritable rondelle ou collerette traversée par la tige. Nous avons lieu de penser qu'elle est identique avec la *Clematis connata*, Vallich, du Népaul. Plus délicate que les précédentes, elle donne des fleurs paniculées que nous avons vues seulement en boutons, la saison trop avancée n'ayant pas permis leur épanouissement.

4° *Clematis Japonica Lowii*. Hort. Cette espèce a été introduite au Mans par feu M. Bougard, horticulteur, chez lequel elle ne fleurissait pas tenue en pot. Plantée en pleine terre à l'air libre, elle prit chez nous un très grand développement, donna des fleurs la même année, en octobre, et continua ainsi plusieurs années de suite.

Cette Clématite Japonaise, semblable d'ailleurs aux précédentes, en diffère essentiellement par son état poilu.

Les tiges et les feuilles assez larges, pennatiséquées, sont plus que tomenteuses et plutôt poilues.

Fleurs assez grandes, campanulées, à quatre sépales épais, révolutés, d'un blanc jaunâtre.

Les grandes panicules lâches, penchées vers le sol, forment un très bel effet avec les gros boutons cylindriques pointus. Plus que les autres espèces qui précèdent, les fleurs répandent à distance une odeur agréable, analogue à celle des fleurs de *Magnolia grandiflora*.

La floraison, qui se continue en novembre, est la dernière de la belle saison sous notre climat.

Le nom de *Clématite Japonaise de Low*, est assurément le nom réel sous lequel cette charmante espèce a été produite dans les catalogues d'horticulture, mais, nous ne l'avons vue nulle part, et nous avons encore le regret de n'avoir pu la retrouver.

Cl. Grewieflora ou *Grœviœflora*. D. C. D'après la description du Prodromus, et celle que nons avons relevée dans la Belgique horticole (1879), cette espèce grimpante de l'Himalaya, à feuilles revêtues d'un épais duvet rougeâtre, à fleurs pendantes, campanulées, d'un brun jaune, à sépales épais, pourrait bien être identique avec notre *Cl. Japonica Lowii.*

Ces *Viornes Himalayennes* forment dans les paniculées une race intéressante, mais avec une floraison malheureusement trop tardive sous notre climat, surtout lorsque les gelées d'automne se font sentir de bonne heure.

VI. Aristata

Nous avons fait deux groupes et pris deux types dans les *Clématites Australiennes* : la *Cl. Aristata* pour les Clématites de la Nouvelle-Hollande, et la *Cl. Nova-Zelandica* pour celles de la Nouvelle-Zélande.

Les *Clématites Australiennes* que nous avons cultivées sont aujourd'hui reléguées, au moins la plupart, dans les jardins botaniques, si encore on les y trouve ; sauf une ou deux, c'est en vain qu'on les chercherait dans les catalogues d'horticulture.

Ces Clématites sont remarquables par les caractères identiques de leur végétation à feuillage persistant et toujours vert. Leurs feuilles sont accrochantes, en géneral ternées ou biternées. Les espèces que nous avons vu fleurir sont dioïques, et nous n'avions que l'individu mâle.

Sauf une seule espèce qui a fleuri en décembre, toutes avaient la floraison printanière.

Elles sont d'orangerie ou ne peuvent résister sous notre climat que dans des hivers doux et à la faveur de bons abris.

Nous avons cultivé cinq espèces bien distinctes de la Nouvelle-Hollande.

1° *Clematis aristata*. Brown. Parmi les *paniculées Australiennes*, cette espèce est le type le plus anciennement connu ; elle a été décrite plus souvent que les autres, mais, il est vrai, sous des noms très différents. On ne lui connaît pas moins de huit synomymes (Index Keevensis).

La *Clématite aristée* a un joli feuillage ; ses feuilles persistantes assez larges sont fermes et d'un beau vert. Ses panicules de fleurs blanches sont gracieuses, avec leurs étamines à anthères *aristées*, la nervure dorsale étant prolongée en pointe. Cette espèce est tout à fait d'orangerie ou mieux de serre froide, bien éclairée. Elle fleurit en avril. Elle a été introduite de la Nouvelle-Hollande, en 1812, dans les cultures Anglaises.

2° *Clematis Lecana*. Espèce à feuilles fermes, lancéolées, dentées. Elle a fleuri dans notre collection, en mai 1854, avec des panicules courtes et lâches de fleurs à quatre sépales en croix, étroits, étalés ou infléchis, à bords roulés en dessous. Etamines à longs filets blancs, se continuant avec une anthére grêle *aristée*, aussi longue que les styles ; styles nombreux à stigmates crochus et entremêlés de soies. Les fleurs blanches ont quelques rapports avec celles de la Clématite odorante (*Cl. flammula*).

3° *Clematis microphylla*. D. C. Cette espèce bien que peu éclatante est pleine d'intérêt par ses petites feuilles arrondies, et ses nombreuses panicules de fleurs verdâtres, répandant l'odeur la plus suave de fleur d'oranger. Nous l'avons gardée plusieurs années au pied d'un mur au midi. Cette gentille Clématite, assez vigoureuse, a une teinte générale de bronze qui lui donne un cachet tout particulier avec ses nombreuses fleurs mâles, en avril, embaumant tout le voisinage. La *Clématite à petites feuilles* croît dans les îles stériles de la Nouvelle Hollande.

4° *Clematis elliptica*. Endl. Cette Clématite, également de la Nouvelle-Hollande, prend de grandes dimensions et peut s'élever à plusieurs mètres de hauteur, ses rameaux sont droits et cannelés comme la tige ; les feuilles ovales, elliptiques, lancéolées, pointues, entières et glabres. Les pédoncules sont axillaires et les fleurs d'un blanc un peu verdâtre sont petites et sans effet ornemental.

5° *Clematis gentianoïdes*. Espèce de la Nouvelle Hollande (île Sainte-Marie).Nous l'avions reçue du Muséum de Paris; nous n'avons pu voir ses fleurs avant de la perdre. Les feuilles d'un vert-brun sont ovales, entières, ou dentées, glabres. Elle avait l'apparence d'une Clématite vivace ou au moins sous-frutescente et non grimpante. Je sais qu'elle est dioïque comme ses compatriotes, à fleurs dressées sur des pédoncules uniflores. Elle a été introduite en Europe en 1825.

VII. Nova-Zelandica

Les Clématites de la Nouvelle-Zélande que nous connaissons se distinguent de celles qui précèdent par leur port, leurs panicules de fleurs beaucoup plus grandes et leurs étamines à anthères d'un beau rose formant un charmant effet sur les sépales d'un blanc pur, virginal.

Nous allons donner ici la description de deux espèces vraiment ornementales : la *Cl. Nova-Zelandica* et la *Cl. indivisa* avec sa variété *lobata*.

1° *Clematis Nova-Zelandica*. La Clématite de la Nouvelle-Zélande est la plus anciennement cultivée. Elle se distingue par son beau feuillage d'un vert foncé. Ses feuilles sont ternées, à divisions longues et étroites, glabres et dentées. Toute la plante qui est grimpante et peut tapisser de grands espaces en serre froide, a un aspect original qui la rapproche de certaines Passiflores à feuilles étroites.

Comme nous l'avons dit au commencement de notre travail, nous avons vu une année (en avril 1851) fleurir en plein air, chez feu notre regretté collègue, M. Foulard, la Clématite de la Nouvelle-Zélande. Voici, en abrégé, la note que nous avions prise sur place : Panicules lâches de 6 à 8 fleurs, longs pédicelles, un peu tomenteux, garnis de courtes bractées, fleurs de 5 cent., étalées, à 7 ou 8 sépales radiés, ovales lancéolés à sommet arrondi, tomenteux en dessous, fleurs mâles, d'un blanc de lait, ayant une légère odeur sans caractère, étamines atteignant le tiers de la longueur des sépales, à filets jaunes et à anthères d'un rose carné.

Le sujet de greffe planté en 1840, le long d'un mur au Sud-Est, avait résisté aux hivers pendant dix ans, mais, fleurissait pour la première fois.

2° *Clematis indivisa*. Wild. Cette espèce Zélandaise est anciennement décrite, mais bien que nous l'ayons possédée, elle ne s'est pas répandue dans les cultures, cédant sa place à sa variété *Indivisa lobata*, dont elle ne diffère que par ses feuilles entières.

L'*Indivisa lobata* est une très belle Clématite grimpante, à feuillage d'un beau vert, à feuilles fermes, lobées, glabres et luisantes.

Nous l'avons vue en fleur plusieurs fois en avril 1854, en pleine terre, dans une serre froide, chez M. Chauvin, avenue de Paris; chez moi, en pot, en 1855, et, en plein air, dans un endroit bien exposé et bien abrité, chez feu M. Berard-Bonnière, rue de Flore. La floraison a lieu sur les rameaux de l'année précédente. Inflorescence axillaire en panicules lâches, ternées ou biternées, fleurs abondantes de 3 à 4 centimètres, à 6 ou 8 sépales étalés, en étoile, d'un blanc de neige, étamines à filets jaunes, anthères lilacées.

L'aspect de ces panicules de fleurs est charmant, elles tranchent sur le vert et le verni des feuilles, jouant dans leur ensemble le vert, le jaune, le lilas et le blanc. En effet, les boutons sont verts, et les fleurs demi-épanouies sont blanc-verdâtre. Les filets jaunes des étamines, vus de face simulent des onglets sur le blanc pur des fleurs bien ouvertes. En résumé, la *Clematis indivisa lobata* devrait se retrouver en pleine terre dans tous les jardins d'hiver de serre froide, où elle ferait le plus charmant effet au printemps sur les treillages ou autour des colonnes.

Découverte primitivement dans la Nouvelle-Zélande par Forster père, compagnon de Cook, lors de son grand voyage autour du monde, elle fut décrite par Forster fils, en 1798. Dans ce siècle le savant voyageur botaniste Cunningham la retrouva sur la lisière des bois, aux environs de la Baie des Iles et le long de la rivière Hokianga ; mais son introduction dans les cultures d'Europe est due au missionnaire botaniste William Colenso qui en envoya des graines, vers 1840, au jardin botanique de Kew, où elle a été décrite par Hooker (1).

Nous terminons ici ce que nous avons à dire des *Clématites paniculées* comprenant la première section.

Toutes les espèces d'Europe et de l'Amérique septentrionale les *Flammules* et les *Viornes* sont rustiques sous le climat de Paris et, par leur grand développement, elles sont d'un bel effet paysagiste dans les parcs ou les grands jardins.

On peut en dire autant des *Clématites à feuilles glauques* du Levant, comme l'*Orientalis*. Elles sont estivales comme les précédentes et peuvent en conséquence être rabattues à la taille.

Les *Paniculées Himalayennes* sont demi-rustiques, à floraison tardive, automnale. Pour elles, le thermomètre ne doit pas descendre à — 10° centigr.. Il leur faut le midi de l'Europe, la région Méditerranéenne.

Sous le climat de Nice, la *Clématite Japonaise de Low*, ferait le meilleur effet, d'octobre à décembre, dans les parcs.

Enfin, les Australiennes avec leurs feuilles persistantes conviennent pour les jardins d'hiver de serre froide, en particulier les *Zélandaises* comme l'*Indivisa lobata*.

DEUXIÈME SECTION

Les Viticelles (Viticellæ)

Les Viticelles (*Viticella*, petite vigne), sont ainsi nommées parce que la plupart sont grimpantes comme la vigne. Tiges sarmenteuses ou sous-frutescentes; feuilles variées entières, ternées ou bi-ternées, glabres ou presque glabres, fleurs solitaires portées sur de longs pédoncules; en racèmes foliacés ou en épis; plus grandes que dans les paniculées, elles sont moyennes, généralement bleues ou pourprées, rarement blanches. Les sépales, au nombre de quatre, appliqués en valves dans les boutons, sont à la floraison étalés en croix ou plus ou moins connivents. Les carpelles sont composés

(1) Voir *Flore des serres de Van-Houtte*, tome IV, oct. 1848, p. 402.

d'akènes à pointe courte, non plumeuse dans les Viticelles proprement dites.

Il existe quatre types bien distincts dans les Viticelles : 1° Viticella, 2° Viorna (urnigera), 3° Integrifolia, 4° Tubulosa.

I. Viticella

Ce sont les *Viticelles proprement dites*, élevées et grimpantes dont le type a les fleurs à quatre sépales en croix. Nous faisons entrer dans ce groupe les *Cl. revoluta, crispa, campaniflora et divaricata.*

Il serait plus naturel d'en faire un groupe distinct, ayant pour type la *Cl. campaniflora* et prenant le nom de *Clématites campaniflores.*

Il diffère du groupe des *Viorna* ou des *Urnigères*, par les fleurs ; au lieu d'être *urcéolées* à sépales entièrement connivents, jusqu'au sommet étranglé, où les extrémités s'ouvrent pour se déjeter en dehors, elles sont cylindriques, les sépales à peine à moitié connivents, et revolutés.

1° *Clematis viticella* Linn. C'est le type de la section. Elle est anciennement connue sous le nom de *Clématite bleue*, nom sous lequel nous la trouvons décrite dans l'Encyclopédie méthodique, et ailleurs. Originaire de l'Europe méridionale, d'Espagne et d'Italie, son aire géographique s'étendrait même jusqu'à l'Asie Mineure et à la Perse (Index Keevensis).

La *Clématite bleue* est ainsi de la région Méditerranéenne, dans les Viticelles, comme la Clématite odorante (Cl. flammula), dans les Paniculées.

Elle fut introduite en France, dès 1569. Elle se répandit bientôt dans tous les jardins où, ses fleurs bleues, à quatre sépales, en croix, assez grandes, faisaient sensation, à côté des petites fleurs blanches de la *Clématite flammule*. Grimpant à de grandes hauteurs, elle était aussi propre que cette dernière pour garnir des treillages et des tonnelles.

On ne se doutait pas à cette époque, je veux dire à la fin du premier tiers du siècle, de ce que seraient, cinquante ans plus tard, les Clématites à grandes fleurs, pour l'obtention desquelles, la *Viticelle* devait jouer comme *porte-graines*, un rôle si important,sans parler de ses racines, qui seraient choisies comme porte-greffes. La Viticelle,a de nombreuses variétés, à fleurs pourpres ou rouges, roses, violettes, blanches, bleues doubles. On en cultive une espèce naine (*Viticella nana*), et dans ces dernières années, on a obtenu plusieurs hybrides intéressantes, dont nous parlerons en son lieu.

La *variété double* ancienne (*Viticella plena*) est encore dans nos cultures. Elle est d'un bleu cendré rougeâtre ; les quatre grands sépales caduques, laissent le centre de la fleur continuer longtemps la floraison avec un grand nombre de petits sépales pétaloïdes, qui tombent et jonchent le sol, se reproduisant par le centre qui est comme *prolifère*, à la façon de la *Clematis florida plena*.

La *Viticelle* est une charmante Clématite, très ornementale. Comme nous venons de le dire ; la facilité avec laquelle elle mûrit ses akènes, a été utilisée, dans ces dernières années en la faisant servir de mère dans les nombreuses hybridations pratiquées, avec les *Clematis azurea*, *florida*, *lanuginosa*, etc... C'est à la faveur des Viticelles pourpres, que l'on est parvenu dans ces dernières années, avec les *Cl. Jackmani Azurea* et *Lanuginosa* à obtenir ces magnifiques et grandes fleurs rouges, comme celles des *Cl. Mme Furtado-Heine et Mme Ed. André.*

2° *Clematis revoluta*. La *Clématite à fleurs révolutées*, n'est pas une variété blanche de la Viticelle ; elle constitue réellement une espèce distincte par des fleurs plus petites, blanches, révolutées, ses feuilles bien distinctes,plus larges et d'un vert plus clair.

Nous l'avons cultivée en même temps qu'une Clématite que nous avons reçue sous le nom de *Parviflora*, de *Capancœflora* et qui en est une simple variété, à peine distincte par des fleurs légèrement violacées ou lilacées en dehors. D'ailleurs la *Clematis parviflora*, décrite comme espèce par de Candolle, est généralement considérée comme synonyme de *Clematis revoluta*.

3° *Clematis crispa*. La *Clématite à fleurs crépues* ou *crispées*, est originaire du Nord de l'Amérique. Introduite en 1726, elle est peu répandue et confondue avec d'autres espèces voisines.

Nous croyons l'avoir reçue sous le nom de *Clematis Shillingii*, espèce grimpante tranchée, à fleurs rose-pourpre, assez grandes, à sépales connivents à la base, ridés, fimbriés et comme *crispés* sur les bords.

4° *Clematis campaniflora*. Brot. La *Clématite à fleurs campanulées* que nous avons longtemps cultivée est voisine de celle qui précède, et par ses fleurs à sépales à moitié connivents, elle établit la transition avec les espèces *Urnigères* du groupe qui suit. C'est une charmante espèce, avec ses feuilles glabres et d'un vert foncé et ses fleurs d'un bleu-pourpre-tendre, très gracieuses. Elle est originaire du Portugal et est cultivée en France depuis 1810. De Candolle la place dans les Viticelles à cause de ses akènes nus, non barbus.

5° *Clematis divaricata*. Jacq. Sous ce nom, de *Clématite à rameaux écartés*, nous avons vu, au Muséum de Paris une espèce bien distincte, que nous avons reçue du commerce horticole, sous le nom de *Cl. Camusetii*. Ses fleurs sont assez grandes, violacées, demi-ouvertes. Elle est grimpante, mais sous-frutescente, pouvant s'élever à deux mètres.

II. Viorna (Urnigera)

Nous séparons des Viticelles proprement dites, les *Urnigères*, qui tendent à former avec les *Cl. Pitcheri* et *coccinea* une véritable race caractérisée par les fleurs en grelot ou mieux *urcéolées*. Nous décrivons ici, les espèces suivantes, au nombre de cinq : 1° *Cl. Viorna*. 2° *Cl. Pitcheri*. 3° *Cl. coccinea*. 4° *Cl. reticulata*. 5° *Cl. cylindrica*.

1° *Clematis viorna*. Linn. La *Clématite Viorne*, qu'il ne faut jamais confondre, dans la pratique horticole, avec notre *Viorne* (*vitalba*) *des haies*, est originaire de l'Amérique boréale, de la Virginie et de la Caroline. Elle est le plus ancien type des Urnigères (*Cl. Urnigera Spach.*) étant connue en Europe depuis 1730. La *Viorna*, est comme les espèces, de son groupe, classée dans les Viticelles, malgré leurs carpelles munis d'aigrettes plumeuses. Elle est caractérisée par ses tiges élevées, ses fleurs *urcéolées*, pourpres en dehors, jaunes en dedans, dont les sépales épais comme du cuir, sont connivents dans la moitié de leur longueur.

2° *Clematis Pitcheri.* Torrey et Gray. La *Clématite Pitcheri* croit aux Etats-Unis, depuis l'Illinois jusqu'au Mexique. Elle est très voisine de la Viorna par ses fleurs urcéolées, violettes ou violet grisâtre comme nous l'avons constaté récemment sur les boutons d'un sujet cultivé au jardin botanique de la Marine, à Brest. Les feuilles sont arrondies, d'un vert glauque, comme bleuâtre. Les quatre sépales épais, charnus, portés sur un long pédicelle coloré, sont brusquement retrécis et comme étranglés ; les divisions ouvertes et légèrement révolutées sont vert-jaunâtre en dedans et laissent voir les étamines.

La *Cl. Pitcheri* a une floraison précoce, en mai, et prolongée.

3° *Clematis coccinea.* Engelman. *Cl. Texensis.* Buckley. La *Clematite coccinée*, découverte, par le professeur Buckley au Texas, où on la trouve sur le bord des rivières, n'est pas une variété, mais bien une espèce distincte de la Cl. Pitcheri. Ses fleurs, plus grosses, sont coccinées, ou d'un carmin-vermillonné à l'extérieur, jaunâtre intérieurement.

Ces deux formes des Urnigères croisées l'une avec l'autre par MM. Morel, de Lyon, Paillet, de Chatenay (Seine), Otto-Frebel, de Zurich, ont déjà fourni des produits nouveaux avec une végétation et des nuances diverses remarquables.

4° *Clematis reticulata.* Walt. La *Clematite à feuilles reticulées* est une espèce voisine de la Cl. Viorna, et comme cette dernière originaire de la Caroline et de la Georgie, seulement ses fleurs roses ont les sépales connivents moins épais et moins fermes. Elle a été introduite en Europe en 1812.

5° *Clematis cylindrica.* Sims. Cette espèce sous-frutescente et presque vivace, qui fleurit en juin, semble établir la transition entre le groupe des *Viorna* et celui des *Integrifolia* Elle est bien caractérisée par ses fleurs d'un beau bleu clair à sépales chiffonnés et appliqués en cylindre (*Cl. cylindrica*), comme un parapluie fermé.

Comme toutes les espèces de ce groupe la *cylindrica* appartient à l'Amérique septentrionale, à la Pensylvanie et à la Caroline, d'où elle a été introduite en 1802.

III. Integrifolia

Le groupe des *Integrifolia* ne renferme qu'un petit nombre d'espèces. Dans son prodromus, de Candolle n'en décrit que quatre : les Cl. *Integrifolia, Ochroleuca, Ovata et Gentianoïdes.* Cette dernière de la nouvelle Hollande, reçue du Muséum de Paris, a été classée par nous dans le groupe des *Aristata* ou les *Clematites Australiennes.*

La *Clématite à fleurs jaunes* (Cl. *Ochroleuca*, Aït) figure comme cultivée dans les jardins de l'Europe, dans le manuel de Jacques (Paris 1845), Nous ne la connaissons pas. Comme la Cl. *Ovata*, *Pursh*, elle est originaire de l'Amérique du Nord. L'une et l'autre se distinguent de la Cl. *integrifolia* par leurs feuilles ovales.

Clematis integrifolia. Linn. La *Clématite à feuilles entières* est des plus anciennes (1596), originaire des Pyrénées, de la Hongrie, de la Sibérie et de la Tartarie, c'est-à dire tout à la fois de l'Europe australe et de l'Asie boréale, deux aires géographiques bien différentes, au point de vue du climat. C'est un fait étrange et un peu exceptionel.

La Cl. *integrifolia* est une plante vivace comme la Cl. *erecta*, à feuilles entières d'un vert foncé, ovales lancéolées. Ses fleurs d'un beau bleu foncé sont penchées et portées sur des pédoncules uniflores.

Elle est cultivée dans beaucoup de jardins et elle présente un certain nombre de variétés, notamment les suivantes : 1° une variété à feuilles tantôt entières, tantôt divisées (Cl. *integrifolia var. diversifolia*) ; 2° une belle hybride, connue dans le commerce horticole, sous le nom d'*integrifolia Durandi.* Celle-ci est plus élevée que l'espèce, a les fleurs plus grandes, et une floraison longue et remontante.

La Cl. *integrifolia* a servi à croiser d'autres espèces notamment la Cl. *viticella*, d'où est sortie la variété *hybride d'Henderson*, dont M. Decaisne a fait une espèce, sous le nom de Cl. *eriostemon.* Nous cultivions déjà depuis longtemps la

Cl. *Hendersoni* lorsque le savant Directeur du Muséum en fit la découverte dans les pépinières de l'établissement.

Il me souvient que nous eûmes à cette occasion une correspondance où je lui fis part de mes observations sur cette clématite sous-frutescente et non grimpante, qui, pour moi, était alors comme aujourd'hui une véritable hybride, dont les akènes plumeux sont presque toujours stériles.

IV. Tubulosa

Les *Tubuleuses* forment un groupe extrêmement naturel de Clématites monoïques ou dioïques, caractérisées par des tiges fortes et droites généralement peu élevées, sous-frutescentes très foliacées, feuilles larges, trilobées, épaisses, fleurs petites en épis verticillés ou en cimes, à sépales révolutés, comme des fleurs de Jacinthe. Vers 1880, M. Decaisne, et depuis M. Lavallée, ont fait la monographie de cette petite famille de Clématites Asiatiques plutôt botaniques qu'horticoles. Decaisne en a décrit huit espèces : les Cl. *Tubulosa, Davidiana, Hookeri, Stans, Kousabotan, Lavallei, Savatieri et Tatarinowii.*

Nous ne mentionnerons ici que les trois premiéres espèces que nous connaissons.

1° *Clematis tubulosa.* Turck. Cette clématite originaire de la Chine et de la Mongolie (Cl. *tubulosa Mongollica*) d'où elle a été introduite en Europe, dès 1837, par le botaniste russe Turckzaninow, est vivace ou mieux sous-frutescente, à tiges grosses, dressées, de quarante à soixante centimètres. Ses feuilles, d'un vert foncé sont épaisses, coriaces, réticulées, à trois folioles arrondies, celle du milieu plus grande, irrégulièrement dentées et mucronées. Les tiges se terminent en un épis floral foliacé ; les fleurs sont verticillées, en cloche, d'un bleu azuré plus foncé en dehors qu'en dedans, ressemblant avant l'entier épanouissement à une fleur de Jacinthe simple.

Nous cultivons depuis longtemps cette espèce traçante, à l'épreuve des frimas, intéressante par son port tout particulier, et sa floraison en septembre.

2° *Clematis Davidiana*. Dne. Espèce provenant de graines envoyées de Chine au Muséum par l'abbé David. Elle est dioïque et voisine de l'espèce précédente par son feuillage et ses fleurs bleu indigo, en verticilles axillaires.

3° *Clematis Hookeri*. Dne. D'après Hooker lui-même, cette *Clematite* ne serait qu'une variété de la *Clématite Tubuleuse*, et monoïque comme elle.

Parmi ces Tubuleuses, une seule espèce la *Clematis Savatieri*, serait sarmenteuse, pouvant s'élever à trois ou quatre mètres de hauteur.

TROISIÈME SECTION

Les Floridées (Florideæ)

Les *Floridées* ouvrent la série des espèces de Clématites à grandes fleurs qui vont continuer, s'agrandissant encore, dans les deux sections suivantes : les Azurées et les Lanugineuses. Nous commençons par les *Floridées*, parce que leur type a été le premier introduit dans les cultures d'Europe.

C'est en 1776, que la *Clématite à grandes fleurs*, ainsi nommée, fit son apparition. Il ne s'agissait vraisemblement que de la *Florida plena* ou *Atragène des Indes*. Si l'introduction de la variété a été simultanée avec celle de l'espèce *Florida simplex*, la première seule s'est répandue dans le domaine horticole. Comme nous le verrons, ce n'est que beaucoup plus tard, après un demi siècle, vers 1836, que la *Bicolore de Siébold* s'est répandue dans les jardins d'Europe.

Les *Floridées* sont du Japon comme les Azurées, non de la Floride, comme nous l'avons vu indiqué dans certains catalogues. Elles sont voisines des Azurées, mais, elles en diffèrent notablement par leurs fleurs, l'époque de leur floraison un peu plus tardive et surtout par leur feuillage vert et persistant, par leurs feuilles qui, au lieu d'être simplement ternées, sont décomposées, bi-ternées, à folliolcs entières, velues. Elles sont délicates et ont été longtemps classées comme des Clématites de serre froide. Elles peuvent cependant être cultivées en plein air, à bonne exposition, dans un sol léger et riche en humus. Dans les hivers ordinaires de notre climat tempéré, elles conservent leur feuillage vert et découpé.

Nous allons décrire ici les trois formes bien fixes sous lesquelles se conserve notre espèce Japonaise : 1° Cl. *Florida simplex.* 2° Cl. *Florida alba plena.* 3° Cl. *Florida bicolor.*

1° *Clematis Florida.* Thumb. C'est la *Clématite Floridée, à fleurs simples*, que nous avons cultivée assez longtemps et que l'on ne trouve pas souvent dans les catalogues d'horticulture.Cette espèce type est remarquable par ses fleurs solitaires, assez larges, planes, étalées, à divisions ovales, pointues, d'un blanc de lait, avec les anthères gris-brun. Nous n'avons jamais vu les carpelles arriver à maturité. La Cl. *Florida simplex*, est aujourd'hui inconnue dans les collections.

2° *Clematis Florida plena.* Wild. *Atragene indica.* Desf. *Atragene Florida.* Pers. *L'Atragène des Indes* de nos horticulteurs, se rencontre encore communément. Elle fleurit l'été, et ses fleurs doubles, d'un blanc verdâtre, durent longtemps. Elles perdent vite leur collerette blanche de grands sépales, et restent avec une fleur très pleine dont le centre est comme *prolifère*, fournissant toujours de nouveaux sépales pétaloïdes, petits, mais nombreux et serrés. Cette variété constante est plus curieuse que belle.

3° *Clematis bicolor.* Cels. Cl. *Florida Sieboldi.* Hort. Belg. La *Clematite bicolore de Siébold*, comme on l'appelle souvent, est une variété très distincte et très intéressante, si elle ne constitue même une espèce. Elle a été introduite, dès 1829, avec la Cl. *Azurea* au jardin botanique de Gand. Mais ce n'est que de 1836 à 1838, qu'elle a été répandue en France.

Le feuillage et le port de la Cl. *bicolor* sont les mêmes que dans les précédentes,mais,ce qui la distingue essentiellement, c'est que sa fleur est double et *de deux couleurs*. Entourée d'une collerette blanche de grands sépales, elle présente au centre une couronne de petits pétales violets qui donne à la fleur, une certaine ressemblance avec celle des Grenadilles ou Passiflores.

Ces pétales sont une transformation des étamines à anthères brunes, les plus extérieures ; les intérieures persistent avec les pistils après la défloraison, comme nous le constatons en ce moment, chez nous, où l'un des pédoncules, offre même un akène fécondé et en voie de développement.

Sans être précisément remontantes, les *Floridées* ont une floraison longue et successive, durant l'été, par la pousse et l'allongement des rameaux. Elles peuvent être taillées, mais la floraison en est retardée. Dans les hivers doux où elles conservent leurs feuilles, elles végètent de bonne heure et ont ainsi une floraison hâtive et anticipée.

Nous faisons rentrer dans la section des Floridées, une charmante hybride, très fixe et connue depuis plus de trente ans : la *Clematis Florida venosa* (Viticella venosa Hort.,). Si la Cl. *Viticella* a été *porte-graines* ou *séminifère*, suivant le plus grand nombre, pour d'autres, la Cl. *Azurea* ou *Patens*, il n'est pas douteux que la Cl. *Florida* a été *pollinifére*. Sa paternité est démontrée par tous les caractères de l'hybride. Même port, même feuillage divisé, fleurs de forme semblable, à cinq ou six sépales d'un beau bleu violacé, avec des tons roses chatoyants et veloutés.

Rustique et très floriflère, la Cl. *Florida venosa*, cultivée depuis si longtemps, a donné accidentellement des graines bien mûres. Ces graines semées en 1879, ont levé, et ont donné naissance à des produits divers, dont nous parlerons en traitant des hybrides.

QUATRIÈME SECTION

Les Azurées (Azureæ) (1)

Les *Clématites Azurées* sont originaires du Japon d'où elles ont été introduites en Europe par Siebold en même temps que la Cl. *Florida bicolor*. C'est vers 1838, que l'espèce type a fait son apparition dans le domaine horticole.

Les Azurées sont toutes grimpantes, souvent peu élevées, mais pouvant atteindre deux mètres de hauteur.

(1) Nous préférons le nom d'*Azurée* à celui de *Patens*, parce que le premier est plus euphonique, plus répandu dans la pratique horticole, enfin, parceque *azurea* est plus facile à franciser au pluriel que *patens*.

Elles ont les feuilles assez larges, habituellement ternées, portées sur de longs petioles cirrhiformes, à divisions ovales, pointues, glabres, vertes en-dessus, plus pâles en-dessous, fleurs solitaires portées sur des pédoncules plus longs que les feuilles, à six ou huit grands sépales et de douze à quinze centimètres de diamètre.

Etamines nombreuses à filets blancs, anthères longues, en alènes. Carpelles sphéroïdes composés de nombreux akènes plumeux, tourbillonnants, arrivant facilement à maturité complète. Floraison printanière, en avril-mai.

Les Azurées sont peu remontantes, lorsqu'elles sont abandonnées à elles-mêmes après la floraison. La facilité qu'elles ont de mûrir leurs graines, a permis de s'en servir comme mères ou porte-graines dans les nombreuses hybridations auxquelles les horticulteurs ont travaillé à l'envi, surtout depuis 25 ans.

Les Azurées que nous avons cultivées des premiers, il y a plus de quarante ans, sont toutes bleu-azuré, purpurines ou blanches, elles comprennent :

1° L'espèce primitive Cl. *Azurea*, avec ses variétés d'origine, la plupart introduites directement du Japon ; 2° Cl. *Monstruosa* ; 3° Cl. *Fortunei* ; 4° Cl. *Standishii*.

1° *Clematis azurea*. Hort. *C. Cœrulea*. Hort. Belg. *C. Azurea grandiflora* Ann. de Fl. et Pom. Cl. *Patens*. Dne. Cette belle espèce est bien difficile à reconnaître aujourd'hui au milieu des nombreuses hybrides. Ses fleurs, assez grandes, à sépales canaliculés, étalés, révolutés, sont d'un rose pourpre assez foncé, passant au rose lilacé, puis *azuré*. Les étamines ont les anthères d'un brun pourpré.

Les variétés primitives de l'*Azurée* que nous avons cultivées dès leur introduction, sont les unes purpurines, les autres blanches. Dans chaque groupe elles se distinguent par la couleur des étamines, brunes ou jaunes.

Au premier groupe appartiennent les variétés suivantes :

Clematis Sophia. C'est une variété très distincte, introduite par Siebold. Les fleurs sont plus larges que dans l'espèce, les sépales spatulés planes, minces et flottants, très étalés, les anthères brunes ; fleurs purpurines devenant vite très pâles et d'un blanc à peine rosé.

Cl. *Sophia flore pleno.* Variété à fleurs semi-doubles assez régulières. Egalement introduite directement du Japon.

Le deuxième groupe comprend :

Clematis Helena, fleurs blanches, anthères jaunes.

Clematis Louisa, fleurs blanches, anthères brunes.

2° *Clematis Azurea monstruosa.* Introduite du Japon par Von Siebold, cette variété si ce n'est une espèce, a ses fleurs pleines ; les sépales droits, irréguliers et lâches, d'abord verdâtres deviennent blancs, et même rosés ou carnés. Il en résulte une fleur de longue durée dont le nom est justifié par les changements des sépales. Les extérieurs, rayonnants et foliacés, forment une sorte de collerette au sommet du pédoncule élargi.

3° *Clematis Fortunei.* Moore. La *Clématite de Fortune* a été introduite du Japon en Angleterre, par Rob. Fortune, vers 1860, et déposée dans l'établissement de M. Standish. C'est une belle Azurée double, plus élevée que les précédentes, pouvant atteindre trois à quatre mètres de hauteur. Les fleurs très pleines, d'un beau blanc, à sépales non imbriqués mais réguliers, sont larges de quinze à dix-huit centimètres. Leur floraison est longue, et elles répandent un parfum de Néroli.

4° *Clematis Standishii.* La *Clématite de Standish* ne doit pas être classée dans le groupe des Floridées, comme on le fait souvent, mais bien dans les Azurées. C'est une variété ou espèce introduite directement en Angleterre comme la *Clématite de Fortune.* La plante est bien distincte par son feuillage des Cl. *Florida.* Ses fleurs, bien faites et gracieuses, sont celles d'une *Azurée*, d'un beau bleu azuré satiné. La Clématite de Standish est peu élevée, et nous la croyons délicate.

Telles sont les espèces et variétés primitives du groupe des Azurées, que nous conservons ici, nous réservant de placer à leur rang les nombreuses hybrides obtenues, souvent très brillantes, mais dont quelques unes cependant ne valent pas l'espèce.

Une remarque importante à faire ici c'est que les Azurées sont de toutes les clématites, celles qui sont les plus disposées à donner, par les semis, des fleurs doubles, comme le fait est prouvé déjà par les *Clematis Sophia fl. pleno*, *Monstruosa* et *Fortunei* introduites à cet état de leur pays d'origine. Les horticulteurs disposés par la connaissance de la vieille *Atragène des Indes* (Cl. *Florida plena*) font souvent entrer à tort dans le groupe des *Florida*, des hybrides à fleurs doubles qui sont de véritables Azurées, comme l'hybride Anglaise *Countess of Lovelace*, et *Lucie Lemoine*, de Victor Lemoine, de Nancy, que nous voyons classées comme des *Florida*, dans l'énumération de nombreuses Clématites exhibées à l'Exposition de Lyon, en 1892. (1)

CINQUIÈME SECTION

Les Lanugineuses (Lanuginosæ)

Les *Lanugineuses* sont les reines des *Clématites à grandes fleurs*. Comme le nom l'indique, elles sont caractérisées par leurs boutons gros, tomenteux, comme *lanugineux* ou *laineux*, ainsi que les pédoncules et les jeunes feuilles. Elles forment une section bien distincte, mais voisine des Azurées.

Nous avons sous les yeux l'espèce primitive conservée dans notre collection depuis nombre d'années. Elle devient très rare. Nous la décrivons ici avec sa variété très ancienne (Cl. *Lanuginosa pallida*), et une autre forme superbe que nous possédons depuis au moins dix ans, comme Cl. *Lanuginosa species*.

Clematis Lanuginosa. Lindley. C'est en 1850, que *la Clématite Lanugineuse* a été envoyée par Fortune en Angleterre. Elle croît dans le Nord de la Chine, sur les Monts Chékiang, près de Ningpo, sur le versant des collines, dans un sol léger et pierreux. Ses belles fleurs en grandes étoiles d'azur surmontent les buissons.

C'est au printemps de 1852, qu'elle a fleuri chez MM. Standish et Noble.

Ses sarments forts et vigoureux ne s'élèvent guère à plus

(1) *Revue horticole*, 1892, p. 205.

de 2 à 3 mètres. Son feuillage est d'un vert blanchâtre. Les feuilles généralement trilobées sont assez larges, ovales-pointues, tomenteuses surtout en dessous, laineuses dans le jeune âge, comme les boutons. Les inflorescences sont trichotômes et terminales. Au lieu d'une floraison printanière assez courte, comme la Cl. *Azurea*, la Cl. *Lanuginosa* commence à fleurir en juin et juillet et ses fleurs se continuent en août et septembre.

Les fleurs, très-grandes, pouvant atteindre 18 à 20 centimètres de diamètre, sont d'un beau *bleu gris perle* ou lilas, étalées en étoile avec des sépales losangiques, pointus, se recouvrant.

Les carpelles sont composés de nombreux akènes plumeux contournés, murissant bien.

Clematis lanuginosa, var. pallida. C'est une variété qui a été produite presque en même temps que l'espèce, ne différant que par ses fleurs plus pâles.

Nous avons reçu, il y a une dizaine d'années, sous l'étiquette Cl. *Lanuginosa species*, une splendide *Lanugineuse* caractérisée par son large feuillage plus ramassé, ses feuilles arrondies *cordiformes*, d'un vert plus blanchâtre que dans le type, plus tomenteuses, surtout en dessous.

Les fleurs d'un bleu clair lilacé, satiné et plus intense, sont composées de larges sépales arrondis et se recouvrant davantage, de manière à figurer une superbe rosace de 12 à 15 centimètres de diamètre. Ajoutons que ces fleurs nombreuses et très rapprochées, figurent à 1 m. 75 centimètres du sol, un énorme et magnifique bouquet.

Nous possédons encore l'espèce primitive que l'on ne retrouve plus. Elle diffère sensiblement des *Lanuginosa* du commerce par ses sépales moins larges, plus pointus et ses feuilles à peine cordiformes.

L'introduction de la Cl. *Lanuginosa* a fait une véritable révolution parmi les amateurs de Clématites. On avait déjà commencé à hybrider les Viticelles avec les Azurées et les Floridées, mais la nouvelle espèce de la Chine a bientôt rallié tous les suffrages, et elle a fait entrer décidément les Clématites dans le domaine horticole.

En France et en Angleterre, les croisements multipliés avec les *Clematis viticella, azurea, florida, Fortunei, Standishii, integrifolia, Hendersoni*, etc., ont produit un très grand nombre de variétés où l'on trouve, dans les unes, les vigoureux et longs sarments fleuris des Viticelles ; dans les autres, les formes amplifiées des fleurs des Azurées ; mais au lieu d'une floraison printanière unique et assez courte, on a des floraisons qui commençent en mai et juin et se continuent tout l'été et dans la première partie de l'automne.

C'est en effet, le propre de la *Clématite laineuse* de se comporter comme les plantes remontantes, en allongeant sa végétation et donnant successivement des fleurs pendant plusieurs mois.

En parlant des hybrides, nous donnerons la nomenclature de celles très nombreuses qui rentrent dans la classe des *Lanuginosa*. Ce sont assurément les plus belles de tout le genre.

La *Clematis lanuginosa* demande à être cultivée de préférence au nord et en terre de bruyère. Elle est ainsi plus vigoureuse ; ses fleurs durent plus longtemps et gardent mieux leur fraîcheur.

SIXIÈME SECTION

Les Pétalées ou Atragènes (Atragenes)

§ I. Atragènes proprement dites

Les Atragènes forment un groupe de Clématites bien distinctes par leurs pétales, si bien que Linné en avait fait un genre séparé. Laurent de Jussieu l'a conservé dans son *Genera plantarum*. Les botanistes ont reconnu depuis avec de Candolle que les pétales des Atragènes n'étaient qu'un accident provenant de la transformation imparfaite et inégale des filets des étamines ; les grands sépales restent toujours distincts, formant le périanthe simple qui caractérise le genre. Les pétales des Atragènes ne sont pas moins constants comme le calicule des *Calycinées* dont nous parlerons après. Les espèces qui composent ces deux groupes ont en outre des affinités naturelles par leur port, leurs feuilles et leurs fleurs. Il y a donc lieu de conserver ces groupes. Ils établissent la transition des Clématites avec les Anémones. Celles-ci munies d'un involucre, forment dans les Renonculacées le genre le plus voisin. C'est ainsi que notre Anémone du Japon avait été rangée dans les Atragènes (*Atragene polypetala*).

Les Atragènes sont de charmantes et gracieuses Clématites printanières, peu connues et peu répandues dans les jardins. On ne les trouve plus guère aujourd'hui que dans les collections des jardins botaniques. Cependant elle ont un véritable intérêt horticole ; en raison de leurs dimensions moyennes elles peuvent très-bien être cultivées en pots ; avec leurs cloches pendantes bleues, roses ou blanches, elles seraient pleines d'attrait sur un marché aux fleurs.

Comme nous l'avons dit, la section des Atragènes est essentiellement caractérisée par les filets des étamines transformés et élargis en appendices pétaloïdes, courts, blanchâtres, en nombre variable, de 12 à 18 (*Atragene alpina*) ; quelquefois plus grands et colorés comme les sépales, de manière à simuler avec eux une fleur semi-double (*Atragene Austriaca, Atragene Sibirica*).

Nous en avons cultivé quatre espèces :

1° *Clematis alpina*. Mill. *Atragene alpina*. Linn. La Clématite des Alpes, originaire des Alpes de l'Europe méridionale, de 900 à 1,800 mètres d'élévation, est une des premières espèces que j'aie cultivées. Son introduction dans nos jardins remonte à 1792. Ses tiges rougeâtres quand elles sont jeunes, s'élèvent de 1 m 50 à 2 mètres. Ses feuilles accrochantes sont ternées et biternées, à segments inégaux irrégulièrement divisés.

Les fleurs à demi-étalées, demi-penchées, à quatre sépales étroits, étoilés, d'un beau bleu clair et tendre, naissent du centre d'un bourgeon.

Les pétales ou appendices pétaloïdes sont blancs, spatulés, dressés et serrés autour des étamines. Le bouton est court, arrondi, à sommet obtus terminé par une pointe courte.

La Clématite des Alpes est rustique et réussit mieux, plantée au nord en terre de bruyère.

Nous n'avons jamais vu la variété à fleurs blanches.

2° *Clematis Austriaca. Atragene Austriaca.* Scop. *A. macropetala* Hort. Cette espèce que nous avons reçue sous ces deux noms, est voisine de la précédente, elle en diffère par ses fleurs plus grandes et pendantes, en cloche.

Ses tiges sont plus basses, à rejets nombreux, ses feuilles plus courtes, plus régulièrement dentées.

Les quatre sépales sont plus larges, ovales, lancéolés, pointus.

Pétales inégaux en partie colorés, simulant une fleur semi-double, en grandissant et se rapprochant des sépales, dont ils prennent la forme.

Le bouton est allongé, pointu, bleu-violet foncé avant l'épanouissement.

Fleurs d'un beau bleu-violet plus foncé que dans l'espèce, précédente.

Elle fleurit comme la Clématite des Alpes en avril et mai. Parfois elle remonte en août.

Sous le nom d'*Atragene macropetala*, Walpers (Repert. botanic. System.) décrit une espèce de la Daourie, qui par ses pétales nombreux, oblongs-acuminés, les extérieurs presque aussi longs que les sépales, paraît identique avec l'*Atragene Austriaca*.

3° *Clematis Sibirica.* Mill. *Atragene Sibirica.* Linn. La Clématite que nous avons cultivée sous ce nom ressemble en tout à la précédente, sauf que ses fleurs sont blanches. C'est tout à fait une *Austriaca alba* avec une végétion peut-être plus vigoureuse. L'Atragène de Sibérie est cultivée en Angleterre depuis 1753.

Ces deux dernières Clématites à fleurs campanulées, bleues ou blanches, sont très gracieuses, et plus belles que la Clématite des Alpes.

4° *Clematis verticillaris.* D. C. (*Atragene Americana. Sims*). La Clématite verticillée ou Atragène d'Amérique est bien distincte des précédentes. Elle est comme elles grimpante, à feuilles ternatiséquées, verticillées par quatre. Les pédoncules uniflores portent des fleurs à pétales pointus, non spatulés, ayant beaucoup de similitude avec celles de la Cl. *Austriaca*, sauf qu'elles sont pourpres ou purpurines.

Cette espèce que l'on ne trouve plus et que j'ai perdue moi-même est fort intéressante. Originaire de l'Amérique Septentrionale, son introduction en Europe remonte à 1797.

§ II. Anémonéflores (Anemoneflorae)

Sous la dénomination d'Anémonéflores, nous n'hésitons pas à faire un second paragraphe dans la section des *Atragènes* ou *pétalées*, pour y installer deux espèces Asiatiques : l'une très commune et très populaire, la *Clematis montana*, l'autre rare et plus curieuse que belle, la *Clematis barbellata*.

La Cl. *montana*, a été placée par de Candolle dans les *Calycinées*, bien qu'elle n'ait pas de *calicule*, mais à cause de la Cl. *Napaulensis* décrite à côté, laquelle est caliculée, et si voisine de la Cl. *montana* qu'elle semble en être une variété.

La Cl. *montana* a beaucoup plus de rapport avec les Atragènes, comme le constate de Candolle lui-même (1), qui serait tenté d'en faire une section propre.

La Cl. *des montagnes* qui n'a ni calicule, ni étamines pétaloïdes a des fleurs en croix, ressemblant à celles de la *Clématite des Alpes*. La Cl. *barbellcta* a des fleurs pendantes à sépales pointus, semblables à celles de la Cl. *Austriaca*, et en outre les filets des étamines extérieures élargis et comme pétaloïdes.

Ajoutons que ces deux espèces rappellent par leur fleurs deux de nos Anémones indigènes : la première, la *Sylvie* ou *Anémone des bois*, (*Anemone nemorosa*), l'autre, l'*Anémone pulsatille* (*Anemone pulsatilla*).

1° *Clematis montana*. Buchan. *Cl. Anemonæflora*. Don.

La *Clématite des montagnes*, ou *Anémonéflore*, est originaire du Népaul. Elle est aujourd'hui l'une des plus cultivées ; elle tend à remplacer sur les palissades et sur le bord des rues la vieille Clématite odorante (Cl. *flammula*). Elle est susceptible de grimper dans les arbres à de grandes hauteurs, et par conséquent, on peut en tirer parti, de toutes manières, avec de charmants effets, dans les parcs et les grands jardins.

(1) Il dit : habitus Atragenes, sed petala o, forsan sectionem propriam conficiens.

Ses fleurs blanches à sépales en croix, groupées en fascicules sur les sarments de l'année précédente, forment des couronnes, ou des guirlandes gracieuses.

La *Clématite des montagnes* donne en mai sa floraison *virginale*, avec sa senteur d'aubépine, rehaussée par un beau feuillage à feuilles ternées, dentées. Elle est vraiment, la Clématite du mois de Marie et elle mérite bien la popularité dont elle jouit.

2° *Clematis barbellata*. Cl. *Nepalensis*. Cette espèce aussi rare que la précédente est commune, a été introduite, de graines, en 1851, au jardin botanique de Glasnevin, près de Dublin, où elle a fleuri en 1853 ou 1854.

Son feuillage est le même que celui de la Cl. *montana*, mais ses fleurs, bien différentes, d'une teinte brune ou rouillée, sont en cloches pendantes, à sépales longs et pointus. Les filets des étamines dont les extérieurs sont élargis, sont garnis de *soies barbues*, d'où le nom de Cl. *barbellata*, sous lequel elle a été décrite et mise dans les catalogues d'horticulture, il y a déjà plus de trente-cinq ans. Nous l'avons cultivée et vue fleurir. La couleur de ses fleurs, rappelle celle des fleurs *d'Asarum*. Il faut distinguer la Cl. *barbellata* ou *Nepalensis* de la Cl. *Napaulensis*, décrite par de Candolle, comme très voisine de la *montana*, et qui appartient comme la première à la région himalayenne. De Candolle ne parle pas de la *barbellata*, non encore introduite, lorsqu'il a publié son *Prodromus*.

Les Clématites de la section des *Atragènes*, fleurissant à peu près en même temps que les *Azurées* et murissant bien leurs graines, peuvent donner lieu à d'intéressantes hybridations avec ces dernières.

SEPTIÈME SECTION

Calycinées (Calycinæ)

Les *Calycinées* ou mieux *Caliculées* sont les Clématites vertes de la région méditerranéenne ; elles passent l'hiver en plein air sous notre climat, et à moins d'un froid trop rigoureux (de-10° à-15°), elles conservent leur végétation qui se développe dès le mois de septembre. Après un repos en août, où elles ont les feuilles jaunies, elles ne tardent pas à retrouver leur printemps qui correspond à notre automne et leur floraison s'opère de décembre en mars, suivant la rigueur de l'hiver. Les fleurs peu éclatantes, avec leur teinte jaune ou jaune verdâtre, sont assez grandes et ne laissent pas que d'offrir un véritable intérêt dans une saison où la nature est dépouillée. Les feuilles d'un vert gai sont gracieusement découpées.

Les fleurs sont pourvues, au-dessous d'un calice pétaloïde, d'une sorte de calicule ou mieux d'involucre en forme de coupe ou de casque renversé. Leurs aigrettes sont soyeuses.

Les Calycines sont grimpantes, très vigoureuses, pouvant s'élever à plusieurs mètres de hauteur et couvrir de grands espaces.

Nous en avons cultivé trois espèces bien distinctes : les *Clematis Calycina* ou *Balearica*, *Cirrhosa*, et *Semitriloba*.

1° *Clematis calycina*. Originaire des îles Baléares, de Majorque et de Minorque, la Clématite calycinée, appelée aussi *Clématite de Mahon* a été introduite dans nos cultures en 1783. Elle est le type du groupe, bien distincte de ses congénères par son feuillage fin et très-divisé, prenant au soleil une teinte un peu rougeâtre, par ses fleurs assez jolies, un peu en cloche, jaune piqueté ou *chiné* de rouge. Nous avons cultivé une variété de *Cl. calycina* à feuilles plus grandes, moins divisées.

2° *Clematis cirrhosa*. Linn. La *Clématite à vrilles* ou *toujours verte* des horticulteurs, a ses feuilles moins divisées que la précédente, à trois segments ovales crénelés, d'un beau vert luisant. Ses fleurs sont verdâtres, son calicule assez souvent foliacé comme dans l'espèce suivante.

Elle est buissonnante et précieuse pour tapisser des murs recouverts d'un grillage. Originaire du sud de l'Europe, de l'île de Candie, de la Corse, de la Calabre et de la Sicile, elle a été introduite en Angleterre en 1596.

3° *Clematis semitriloba*. Lagas. La *Clématite semitrilobée* est très voisine de la Clématite à vrilles. Ses feuilles, d'un beau vert luisant, sont la plupart trilobées, quelques-unes entières;

elles sont dentées et rappellent par leur aspect le feuillage de l'aubépine. Les fleurs sont blanc-verdâtre, assez grandes. On lui donne pour patrie l'Espagne méridionale. Mais, elle appartient sans aucun doute comme les espèces du même groupe, à toute la région méditerranéenne. Dans mon pèlerinage à Jérusalem, en 1891, j'ai trouvé la Cl. *semitriloba* sur le sommet du Mont-Thabor.

Ces Clématites ne sont pas assez cultivées. L'hiver, leurs fleurs ne sont pas à dédaigner dans les bouquets, et en les mettant en pots, au moment de leur floraison, elles ne seraient pas déplacées au marché aux fleurs.

HUITIÈME SECTION

Clématites non classées (incertæ sedis)

Les espèces ou variétés que l'on ne peut faire entrer dans les sections qui précèdent, seront toujours en certain nombre. Il est utile de leur réserver une place au moins provisoire, jusqu'à ce que mieux étudiées et mieux connues, dans leur diagnose ou dans leur origine, elles soient rattachées aux groupes anciens ; ou que par leurs affinités avec des espèces nouvelles dont elles sont les premières introduites elles constituent elles-mêmes de nouvelles sections dans le genre déjà si richement doté de ces *lianes cosmopolites*, répandues avec leur physionomie particulière dans toutes les parties du globe.

Enfin, un autre travail est à faire aujourd'hui c'est de classer les nombreuses *hybrides*, de séparer nettement ces dernières des *espèces naturelles* et *primitives*, afin de ne pas considérer comme telles de simples produits de croisement, ou de donner comme hybrides, des clématites se reproduisant identiques, par la graine, et ayant des caractères spécifiques incontestables.

Nous ferons figurer dans cette section les cinq Clématites suivantes : 1° Cl. *Cærulea odorata* ; 2° Cl. *Jackmani* ; 3° Cl. *Hendersoni* ; 4° Cl. *Crassifolia* ; 5° Cl. *Smilacifolia*.

1° *Clematis cœrulea odorata.* Hort. Cl. *Odoratissima.* Hort. Cette clématite que je connais depuis plus de trente ans, que je possède encore et que j'ai vue souvent, dans un beau développement, au devant d'un mur au midi, chez feu A. Pellier, n'est pas grimpante. Ses tiges droites, écartées, s'élèvent à un mètre ou un mètre cinquante centimètres, rarement à deux mètres.

L'inflorescence est en une sorte de panicule ou de cime, avec des rameaux deux ou trois fois triflores, feuilles inférieures à deux ou trois follioles lancéolées, les supérieures entières, presque glabres. Les fleurs sont petites plutôt que moyennes, à quatre sépales étroits, étalés, d'un beau bleu-violacé. Elles répandent une odeur accentuée de vanille.

Cette description est identique avec celle de la *Clématite Poizat.* (Cl. *Poizati.* Hort.) (Flore des jardins et des grandes cultures, par N. C. Seringe, tom. 3e 1849.) obtenue par M. Poizat, horticulteur-pépiniériste, à Villeurbanne, près de Lyon. Nous voyons ailleurs, que la Cl. *Cœrulea-odorata* a été ainsi nommée par M. Bertin père, horticulteur à Versailles, qui la tenait, dès 1840, de M. Poizat de Lyon. (*Revue hort.* 1877).

Cette clématite est très-voisine de la Cl. *violacea*, Alph. de Candolle. (Seringe *l. cit.*). Nous l'avons toujours vue stérile, fait que nous constatons encore cette année.

Il n'est donc pas douteux que la Cl. *Cœrulea odorata* identique avec la Cl. *Poizati* est une *hybride* issue probablement d'une espèce paniculée, comme la Cl. *Flammula*, avec une espèce bleue du groupe des Viticelles. Nous croyons donc que c'est à tort que M. Alph. Lavallée, en a fait une espèce et un type de section, sous le nom de Cl. *Aromatica.*

2° *Clematis Jackmani.* Hort. La clématite hybride Anglaise de Jackman est rangée aujourd'hui parmi les plus belles, et il en est peu d'aussi répandue. Son apparition a eu lieu de 1864 à 1866. MM. Jackman et fils, de Woking, l'ont produite dans le commerce horticole comme l'ayant obtenue d'un croisement de la Cl. *Viticella* avec la Cl. *Hendersoni*, ou, comme nous l'avons vu ailleurs, de la Cl. *Lanuginosa* avec l'*Hendersoni*. Quoiqu'il en soit la Cl. *Jackmani*, avec ses fleurs d'un beau bleu violet-pourpré-velouté intense, de quatre à six sépales, avec le centre marqué de trois côtes, et son inflorescence en longs racêmes, rentre dans la section des Viticelles bien plus que dans toute autre.

Mais voilà que, vers 1880, le docteur Savatier a découvert au Japon, une espèce de clématite, qui, d'après M. Lavallée, est identique avec la *Jackmani*. Cette espèce recueillie sur les collines de Hakone, dans l'île de Niphon, a été nommée Cl. *Hakonensis*.

Elle est à fleurs bleues, à quatre, rarement à cinq et six sépales, figurée dans l'ouvrage de M. Lavallée, et classée par lui dans la section des Viticelles.

Que ce soit ressemblance fortuite ou identité de l'hybride de Jackman avec l'espèce du Japon, cette clématite s'est déjà reproduite, avec son type bien distinct, dans un grand nombre de nouvelles hybrides, en sorte qu'elle constitue véritablement une race à laquelle il faut donner une place à côté des Viticelles, des Floridées, des Azurées et des Lanugineuses.

3° *Clematis Hendersoni*. Hort. Nous avons déjà parlé de cette clématite, en parlant de l'*Integrifolia* et de ses différentes formes. La *Clématite d'Henderson* que l'on donne dans l'horticulture Anglaise comme issue d'un croisement de la *Viticella* avec la *Cylindrica*, a des fleurs à quatre sépales ressemblant parfaitement à celles de l'*Integrifolia*, dont la parenté paraît bien plus évidente.

Bien qu'elle soit presque toujours stérile, M. Decaisne en a fait une espèce sous le nom de Cl. *Eriostemon*, Cl. *à étamines cotonneuses*.

M. Lavallée conserve cette dénomination, et en fait le type de l'une de ses sections. Pour nous, nous la considérons comme une hybride du groupe de l'*Integrifolia*.

Il nous reste à parler de deux espèces bien tranchées, dont le siège est incertain.

4° *Clematis crassifolia*. Cl. *à feuilles épaisses*. Cette espèce que nous avons vue souvent dans le jardin de feu M. Foulard, place Saint-Germain, me paraît avoir de grandes affinités avec les clématites d'Australie, notamment avec la Cl. *aristata.* N'est-elle pas identique avec la Cl. *coriacea*, de la nouvelle Hollande ? Quoiqu'il en soit, elle a été mise dans le commerce comme originaire du Japon. Elle est d'orangerie, caractérisée par ses feuilles épaisses et fermes, d'un beau vert et ses fleurs blanches en petites panicules.

5° *Clematis Smilacifolia.* Wallich. La *Clématite à feuilles de Smilax* est une magnifique espèce grimpante, distincte de toute autre par son port et son énorme développement, ses larges feuilles entières. ovales-cordiformes, fermes et glabres, marquées de blanc et de vert clair dans leur jeunesse ; fleurs en racêmes paniculés, monoïques ou dioïques, à quatre sépales révolutés, d'un brun de rouille et tomenteux en dehors, d'un violet foncé presque noir et glabres, en dedans.

Nous avons vu cette belle espèce en fleur, en novèmbre 1852, dans une serre froide, chez feu M. Bougard, rue du Sépulcre.

Originaire du Népaul, d'après Hooker, elle aurait été introduite en Belgique, de Java, où elle croît dans les montagnes, ce qui explique sa culture possible en serre froide ou tempérée.

Il nous reste à parler des hybrides.

Nous allons entrer en conséquence dans le véritable domaine horticole, vaste champ exploité davantage d'année en année, si bien qu'aujourd'hui le nombre des hybrides, presque toutes à grandes fleurs, est si considérable qu'il serait bien difficile, sinon impossible, de les énumérer en entier.

Nous donnerons la liste des plus recommandables en les groupant de notre mieux.

En attendant, commençons par inaugurer ici, dans une description succincte, deux gains que nous avons obtenus par le semis.

Deux Clématites hybrides non répandues

1° Clématite Marie-Madeleine

Section des Jackmani

Tige s'élevant à trois ou quatre mètres de hauteur, comme dans le type.

Feuilles pareilles, d'un vert moins foncé.

Fleurs de même dimension que celles de la Cl. *Jackmani*, mais, de *couleur mauve* passant du violet pourpre à l'épanouissement, à une teinte plus claire.

Cette Clématite est très voisine de la Cl. *Modesta*, (*Viticella Modesta*, Hort.). Elle a fleuri pour la première fois en 1879. Elle fera le meilleur effet, en mêlant sa teinte claire et gaie aux tons plus ou moins foncés du bleu-violet, ou violet-pourpre presque noir, des autres hybrides de même race.

2° Clématite Marie-Louise

Section des Azurea

Cette hybride est estivale et remontante ; nous la plaçons néanmoins dans les Azurées, plutôt que dans les Lanugineuses, à cause de ses fleurs onguiculées, rayonnantes et non rosacées.

Elle est une des plus belles que nous connaissions par les dimensions énormes de ses fleurs blanches.

Tiges rougeâtres, cannelées, se rapprochant de celles des Azurées, mais, plus fortes et pouvant s'élever à deux ou trois mètres et plus.

Feuilles simples ou ternées d'un vert assez-foncé ; limbe de sept à dix centimètres de longeur sur quatre ou six de largeur, légèrement tomenteux en-dessous.

Fleurs de vingt à vingt-cinq centimètres et plus de diamètre, parfaitement étalées, à sépales rétrécis à la base, larges au milieu de cinq à six centimètres, et terminés en pointe, aplatis et flottant gracieusement comme des lames de papier léger.

Faisceau d'étamines rayonnantes de quatre à six centimètres de diamètre, à anthères pourpre-gris-brun.

Boutons pointus et tomenteux n'ayant pas moins de sept à huit centimètres de long, avant l'épanouissement.

Les fleurs, fraîchement ouvertes, sont d'un blanc doucement teinté de bleu-lilacé, devenant bientôt d'un blanc pur, éclatant.

La floraison commencée vers le 25 mai, avec une trentaine de fleurs, s'achève maintenant (29 juin), ayant duré un mois, bien que la Clématite, en plein jardin, ait essuyé de fortes pluies.

Elle a fleuri pour la première fois, d'août en septembre, en 1880, à l'époque où elle va remonter cette année.

Ces deux hybrides se sont produites spontanément en 1875 ou 1876, dans mon habitation de l'Hôpital, le long d'un grand mur au couchant, tapissé par un bon nombre d'espèces de clématites, notamment par des Azurées et un fort pied de Cl. *Jackmani.*

Ajoutons que dans la maison voisine occupée par M. l'aumônier de l'Hôpital, il y avait au nord une palissade où fleurissaient abondamment les *Clematis Lanuginosa* et *Florida venosa*.

En décembre 1877, mes deux hybrides encore jeunes ont été transportées dans ma nouvelle habitation, avenue de Paris. C'est là qu'elles se sont développées et mises à fleur, comme nous l'avons dit ci-dessus.

Nous leur avons donné les noms de nos deux jeunes filles.

NEUVIÈME SECTION

Clématites hybrides (Hybridæ)

Pour classer les Clématites hybrides, dans les diverses sections auxquelles elles appartiennent, il faut considérer :

1° Le *port* plus ou moins élevé ;

2° Les tiges vivaces, sous-frutescentes, ou sarmenteuses et grimpantes ;

3° Les feuilles entières, dentées ou plus ou moins divisées: ternées, biternées, pinnées, bi-pinnées ou décomposées ; caduques *marcessentes*, ou persistantes et toujours vertes ; glabres ou tomenteuses et poilues ;

4° L'inflorescence : fleurs pédonculées solitaires ; en panicules plus ou moins longues ; en cimes ou corymbes, en grappes ou racêmes multiflores simples ou foliacées, en épis :

5° Les fleurs petites, moyennes, assez-grandes, grandes ou très-grandes, à quatre, six ou huit sépales, *en croix*, en roue ou *rotacées*, en rosette ou *rosacées* ; de couleur bleue, azurée, blanche, pourpre, rose, jaune ou blanc verdâtre ; odorantes ou inodores ;

6° Les carpelles composés d'akènes indéhiscents, simples ou plumeux ;

7° La rusticité et la vigueur sous notre climat, et par suite le pays d'origine des espèces ;

8° L'époque de floraison : hivernale, printanière, estivale ou automnale ;

9° La floraison unique plus ou moins durable, ou remontante ;

10° Enfin, les plantes sur lesquelles ont été récoltées les graines ou les *séminifères*, et celles qui ont servi à féconder ou les *pollinifères*.

Pour ce qui est des *pollinifères*, on ne peut jamais être certain qu'elles ne soient pas multiples, la fécondation artificielle pouvant s'opérer à chaque instant, par les insectes et par l'air, agents de transport du *pollen*, d'une fleur dans un autre. C'est le cas de dire que dans les *hybridations*, la *recherche de la paternité est interdite*, par cette raison simple que cette recherche est *impossible*. C'est pour cela que, dans le classement des hybrides, on ne peut tenir compte sans réserve des croisements opérés par les obtenteurs.

Les *Clématites hybrides* presque toutes à *grandes fleurs*, doivent être rattachées aux cinq sections suivantes : 1° Les Viticelles, 2° les Jackmani, 3° les Floridées, 4° les Azurées, 5° les Lanugineuses.

I. — Viticelles

Il s'agit ici spécialement des *Viticelles proprement dites*, groupe très naturel caractérisé par ses racêmes de fleurs en croix, moyennes et ses akènes nus à pointe courte non plumeuse. Floraison estivale.

En parlant de l'espèce (Cl. *viticella*), nous avons signalé les variétés fixes, anciennement connues :

C. viticella purpurea, rubra, violacea, alba; fl. pleno.

Il faut y ajouter les hybrides suivantes :

Cl. *rubra grandiflora* (Jackm.) Fleurs assez grandes, d'un beau pourpre foncé, sépales un peu contournés, quelquefois en partie verts, foliacés.

Cl. *Kermesina* (Lem.) Carmin foncé, reflété de feu.

Cl. *Iris*. Fleurs à sépales larges, pourpre vineux veiné, floraison remontante.

Cl. *Madame Moser*. Fleurs blanches, assez larges, se comportant comme la Viticelle iris.

Cl. *alba nova*. Variété distincte de l'ancienne ; fleurs blanches à 4 ou 5 pétales.

Cl. *Monsieur Grandeau*. Rose veiné.

Ces quatre hybrides dont l'une (*Viticella alba*) provient de graines de la *Florida venosa*, ont toutes, au moins les trois premières, dans la conformation de leurs fleurs, une parenté évidente avec les Cl. *Florida* ou leur hybride *Fl. venosa* dont la *Vit. Iris* est voisine.

Cl. *erecta*. Cette Viticelle *dressée* de 50 centimètres de hauteur est une hybride à fleurs plus grandes, bleu foncé, de la Cl. *nana*, *Viticelle naine* dont nous avons parlé.

Cl. *Francofurtensis*, (Ruiz.) Cette *Clématite de Francfort* fait partie de mes cultures depuis plus de 25 ans. C'est une Viticelle élevée à fleurs d'un beau bleu, plus grandes que celles de la *cœrulea*.

Suivant M. Lavallée la *Vit. francofurtensis* serait comme la suivante une hybride de *Viticella* × *Hakonensis* ou Jackmani.

Cl. *Guacoii*. Obtenue à Luxembourg, par M. de Guasco, cette viticelle ressemble à la précédente.

Cl. *Othello* (Cripps). Fl. moyenne, pourpre velouté foncé.

Cl. *rubra grandiflora nova* (Flon). Nous cultivons, depuis quelques mois, une variété de *Viticelle rouge*, obtenue de semis par M. Flon, horticulteur à Angers, et encore innommée. Ce nouveau gain, que nous avons vu en pleine floraison au mois de juillet, nous a paru très méritant. C'est une Viticelle rouge à fleurs assez grandes et bien faites, voisine de la *Vit. rubra grandiflora* dont on s'est servi déjà si utilement dans les hybridations.

Les autres hybrides de Viticelles (Cl. *Viticella*), sont des clématites à grandes fleurs qu'il faut classer dans les Jackmani. Elles sont très nombreuses et constituent ces belles *hybrides rouges*, si recherchées aujourd'hui.

Avant de les aborder, mentionnons, parmi les autres types de la grande section des Viticelles, plusieurs hybrides.

Dans les *Integrifolia*, la Cl. *Integrifolia Durandi* provient du croisement des Cl. *Lanuginosa*, et *Integrifolia*. C'est une belle hybride d'un beau violet foncé velouté, à étamines jaunes, fleurs de 4 à 5 sépales, de 8 à 10 centimètres, floraison longue, remontante, de mai à octobre.

La Cl. *Hendersoni* dont nous avons parlé est elle-même une véritable *Integrifolia*, sous-frutescente, de un mètre cinquante centimètres à deux mètres d'élévation.

Les *Urnigères* dont la forme urcéolée, originale, a été surtout mise en évidence par les *Cl. Pitcheri* et *Coccineà*, ont été l'objet d'hybridations qui ont produit trois à quatre plantes nouvelles obtenues par M. Louis Paillet, de Chatenay (Seine).

Ces résultats sont encourageants au point de vue de l'obtention de formes originales réduites, qui feront diversion à la faveur un peu trop exclusive des Clématites à grandes fleurs.

II. Jackmani ou Viticelles a grandes fleurs

Il y a deux formes distinctes dans les Jackmani : Celle des Viticelles que nous venons de décrire, et une autre forme droite élevée, caractérisée par son inflorescence *touffue* : les pédicelles axillaires sont ramifiés, multiflores, formant des cimes. Cette seconde forme, est plus hâtive, que la forme ordinaire. Elle a donné chez moi cette année, à 3 à 4 mètres de hauteur, une magnifique et longue floraison avec de larges fleurs la plupart à quatre sépales.

Nous sommes d'avis de la désigner sous le nom de Cl. *Jackmani splendida*

Le type des Jackmani déjà très ancien dans les cultures de clématites, a subi diverses transformations et se présente sous plusieurs formes :

1° Cl. *Jackmani splendida*, c'est le nom que nous avons appliqué à la forme dont l'inflorescence est touffue ou en cime;

2° Cl. *Jackmani nigricans*, forme ordinaire, que nous cultivons depuis quinze à seize ans, dont les fleurs sont d'un bleu violet presque noir ;

3° Cl. *Jackmani superba*. Violet-pourpré-foncé, rappelant le ton de la Cl. *Madame Grangé* ;

4° Cl. *Jackmani violacea*. (*Viticella Modesta.*) Véritable Jackmani, très répandue, à fleurs violet-foncé, devenant violet clair.

Cl. *Madame Grangé*. Obtenue par M. Théophile Grangé, d'Orléans, cette belle hybride, très-appréciée, a ses fleurs en racêmes, assez-grandes, à quatre à six sépales en cuiller, plus ou moins étalées, d'un beau pourpre cramoisi-velouté foncé.

Cl. *Splendida*. (Simon Louis.) Violet-foncé. *Viticella atrorubens* × *Lanuginosa*.

Cl. *rubro-violacea* (Jackm.) Marron, passant au violet rougeâtre. *Viticella atro-rubens* × *Lanuginosa*.

Cl. *Rubella* (Jackm.) Violet pourpré.

Cl. *Pellieri*. Cette hybride fleurissant en racêmes, a été obtenue au Mans par feu Alfred Pellier de Cl. *Viticella* × *Lanuginosa*. Ses fleurs sont assez grandes, à cinq ou six sépales, bleues, nuancées au centre de bleu très-clair. — 1880.

Cl. *Renaulti grandiflora*. (Dauvesse.) Fl. d'un beau bleu violacé foncé.

Cl. *Madame Furtado-Heine* (Christen). Une des plus belles rouges provenant de *Vit. rubra grandifl.* × *Lanuginosa*. A fleuri pour la première fois en 1883.

Cl. *François Morel*. (F. M. de Lyon) Fleurs à quatre sépales, d'un beau rouge vineux.

Cl. *Edouard André.* (F. Morel.) Fl. à quatre sépales, pourpre-foncé-velouté, très riche. *Vitic. Kermesina* × *François Morel.*

Cl. *Star of India.* (Cripps.) Fl. beau violet foncé, veiné noir, centre pourpre. Inflorescence en corymbe.

Cl. *Gipsy queen.* (Cripps.) Fl. violet-foncé-velouté.

Cl. *Madame Baron-Veillard.* Obtenue en 1885 par M. Baron-Veillard, d'Orléans, d'un semis de graines de Cl. *Viticella, Azurea, Jackmani* et *Lanuginosa.* Fleurs assez-grandes, d'un beau rose-lilacé, produisant le meilleur effet. Floraison tardive, de la fin d'août jusqu'aux gelées.

Cl. *Thumbridgensis.* (Cripps.) D'origine Anglaise, cette clématite rentre dans la section des Jackmani. Elle est une des meilleures parmi les bleues, par son joli violet *épiscopal*, éclatant.

M. Lavallée en fait une espèce intermédiaire entre les Cl. *Patens* et *Hakonensis.*

Cl. *Jackmani alba.* (Noble.) Cette belle et vigoureuse hybride bien remontante, n'est pas une Jackmani pure. Avec ses fleurs blanches, souvent semi-doubles et ses akènes plumeux tourbillonnants, elle tient des Azurées ; mais, elle fleurit *en racêmes.* Ces racêmes foliacés pendants font un charmant effet avec les clématites bleues ou pourpres. C'est par son inflorescence qu'elle se rattache aux Jackmani.

Cl. *Madame Ed. André.* (Baron-Veillard.) Cette nouvelle hybride, parmi les dernièrès venues, est une des plus méritantes par ses fleurs grandes, d'un beau rouge-carmin-foncé nuancé de violet. Inflorescence en corymbe.

La couleur rouge provient évidemment d'une Viticelle croisée avec les Clématites à grandes fleurs.

Cl. *Magnifica.* (Jackm.) De même origine que *Madame Ed. André*, qu'elle a précédée de longtemps (vers 1876), mais moins rouge, d'un violet-pourpré-cramoisi.

Cl. *Protœus.* Fleur assez grande, souvent semi-double, rose-pourpré, provenant, selon toute apparence, d'une Viticelle rouge croisée avec une Azurée.

Cl. *Perle d'Azur.* (François Morel.) Plante vigoureuse, floraison abondante et remontante, de juin en septembre. Grandes fleurs, à six sépales, bleu d'azur pâle, médiane rose lilacé.

Cl. *Etoile violette.* (F. Morel.) Feurs gracieuses bleu très-foncé, nuancé de violet et de stries carminées.

III. Floridées

Les hybrides des *Florida* ne sont jamais doubles ou du moins nous n'en avons jamais vu, en dehors de la Cl. *bicolor.*

Nous répèterons ici que la fleur blanc-verdâtre de la *Florida alba plena* (*Atragène des Indes*), n'est pas une fleur double dans le sens du mot (1), mais bien une fleur *prolifère* ou mieux *végétante*, quasi *foliacée*, les enveloppes florales n'étant que des feuilles transformées.

Sur les trois clématites introduites du Japon par Siébold, une seule la Cl. *Florida simplex* est le vrai type spécifique (*Species*), les deux autres, la Cl. *Florida alba plena* (*Atragene indica*) et la Cl. *Florida bicolor*, semblent être plutôt des formes ou variétés du type, mais leur persistance et leur introduction directe du pays d'origine les font considérer comme des espèces.

Les *Floridées* étant seulement *pollinifères*, on comprend que leurs hybrides soient très-rares, si bien, que, dans nos cultures d'Europe, elles se réduisent à notre connaissance, à une seule obtenue d'un semis de Viticelle.

La plante conservant dans son port, son feuillage découpé son inflorescence et ses fleurs à six sépales, tous les caractères de parenté avec la Cl. *Florida simplex*, doit être nommée *Florida venosa* et non *Viticella venosa.*

C'est une de nos belles hybrides, à fleurs assez grandes, d'un superbe violet-pourpré, veiné ou marbré de plus clair. Inflorescence axillaire, en pédoncules uniflores ; floraison d'assez longue durée par allongement des rameaux.

On trouve dans les catalogues deux variétés de *Florida venosa* : l'une à fleurs plus larges, mauve clair, veiné de blanc

(1) La duplication des fleurs, se fait comme dans la *Cl. Florida bicolor* par la transformation des filets des étamines en pétales, mais souvent en partie, de sorte qu'il reste assez d'étamines avec les pistils, pour que les fleurs soient fertiles. Dans l'Atragène des Indes, les pistils eux-mêmes sont pétaloïdes ou mieux foliacés.

(*Florida venosa grandiflora*, Lem.), l'autre, à fleurs de forme parfaite, bords des sépales légèrement ondulés et fimbriés, (*Florida venosa violacea*, Lem.).

Habituellement stérile la Cl. *Florida venosa* a pu accidentellement murir ses graines. Il est résulté de leur semis deux nouvelles plantes, les *Fl. atro-violacea* à cinq à six sépales, violet très foncé, et la *Viticella alba nova*.

Cette dernière clématite dont nous avons parlé dans les hybrides de Viticelles nous paraît avoir, avec les Cl. *Iris* et *Madame Moser*, une parenté non douteuse avec les *Floridées*.

IV. Azurées

La section des Azurées est assurément celle qui se prête le mieux aux hybridations.

Leur floraison printanière (mai-juin,) peu prolongée, leur permet de mûrir parfaitement et de bonne heure, leurs carpelles sphéroïdes, plumeux et tourbillonnants.

Le Japon, leur pays d'origine, nous a donné l'exemple de leur culture, en nous envoyant avec l'espèce type, (Cl. *Azurea*, Hort.), un certain nombre de variétés simples ou doubles.

Parmi ces dernières, la Cl. *Sophia* constitue une forme bien distincte, avec ses grands sépales à onglets minces et planes, inaugurant la forme *rotacée*. De pourpre lilacé ou azuré, les fleurs deviennent d'un blanc pur avec des étamines tantôt jaunes, tantôt pourpres.

Mais relevons tout de suite une erreur répandue dans tous les catalogues. Les clématites hybrides à fleurs doubles ou semi-doubles, ne viennent pas des *Floridées*, mais elles sont toujours issues des *Azurées* faisant le plus souvent office de *séminifères*, notamment de la Cl. *Fortunei*, dont les fleurs semi-doubles mûrissent leurs graines.

Fleurs grandes, simples, de six à huit sépales, *onguiculés*, ou doubles, *solitaires*, sur de longs pédoncules *axillaires*, implantés *sur vieux bois* ; floraison *printanière*, non remontante, lorsque la plante déjà forte est abandonnée à elle-même : voilà les caractères des véritables hybrides d'Azurées.

Mais, il est beaucoup d'autres hybrides à grandes fleurs,

souvent les plus larges, comme la Cl. *Gigantea*, qui conservent l'inflorescence et les pédoncules uniflores des Azurées.

Les boutons laineux, la corolle rosacée à six ou huit sépales, et la floraison remontante les font classer malgré cela comme hybrides des Lanugineuses.

Le nombre des hybrides d'Azurées est tellement considérable, que nous ne pouvons en donner ici, qu'une liste fort incomplète.

Les *Clematis azurea Amalia*, *Louisa*, *Helena* ont été la plupart introduites directement du Japon où elles sont cultivées, avec les *Sophia*, *Sophia flore pleno* et *monstruosa*.

Il faut y ajouter :

Cl. *Louisa flore pleno* (Simon Louis). Fl. blanches bordées de lilas.

Cl. *Maria* (Simon Louis). Fl. bleu foncé, anthères brunes, filets blancs, floraison hâtive.

Cl. *Az. violacea* et *Az. atro-purpurea*, deux variétés de *Az. Helena*, obtenues par Dieudonné Spaë de Gand, (Belg. hort. 1864.)

Les hybrides suivantes sont trés répandues :

Cl. *Jonh Gould Weitch*. Fleurs assez grandes, doubles, bleu clair. Introduite directement du Japon.

Cl. *Countess of Lovelace*. Fleur double, bleu violacé, à sépales réguliers et imbriqués, remontante, mais, fleurs simples à la seconde floraison, comme cela a lieu souvent chez les autres hybrides doubles.

Cl. *Duchesse d'Edimbourg* (Jackm.) Fleurs blanches doubles bien imbriquées, à odeur suave, comme la Cl. *Fortunei*. A fleuri pour la première fois en 1874.

Cl. *Lucie Lemoine* (Lem.) Vigoureuse, blanche, semi-double, mûrissant bien ses akènes. Une des plus anciennes doubles et des plus répandues.

Cl. *Excelsior*. (Cripps.) Grande fleur semi-double, beau bleu, comme *Countess of Lovelace*.

Cl. *Fair Rosamund* (Jackm.) Floraison hâtive ; fleurs larges, rosacées, blanc rosé.

Cl. *Louis Van-Houtte*. Printanière, blanc rosé, semi-double.

Cl. *Madame Méline* (Christen). Fleur double régulièrement imbriquée, d'un blanc pur.

Cl. *Jeanne d'Arc* (Dauvesse.) Grande fleur blanc rosé.

Cl. *Marie-Louise Le Bêle* (Docteur Le B.). Fleurs de vingt à vingt-cinq centimètres de largeur, blanches, étalées ; très florifère.

Cl. *Aureliana* (Dauvesse.) Fleur grande, violet mauve, médiane rouge.

Cl. *Lady Caroline Nevill.* Hâtive, non remontante, bleu pâle nervures roses.

Cl. *René Allégret.* Fl. double ou semi-double, beau bleu foncé.

Cl. *Reginæ* (Weitch.) Fleur mauve.

Cl. *Lilacina plena* (Lem.) Fleurs lilas, moyennes, très-doubles.

Cl. *Insignis.* Très-hâtive, violet lilacé, la plus voisine de l'espèce (*Azurea. Hort.*).

Cl. *Az. hybrida Andegavensis.* (*Lanuginosa foncé* (sic) Hort. Ang.) Sous cette dénomination nous décrivons ici une belle et vigoureuse Clématite hybride, d'*Azurea* × *Lanuginosa*, que nous cultivons depuis vingt ans et qui nous est venue d'Angers, où elle porte le nom de *Lanuginosa foncé.* Bien que les boutons soient tomenteux et que la floraison soit remontante, les feuilles glabres d'un vert gai, ternées, ovales-lancéolées, les fleurs d'abord d'un beau bleu foncé, devenant plus clair, à six sépales canaliculés et révolutés, avec les étamines pourpres, marquent la place de cette hybride dans la section des Azurées.

Nous passons sous silence beaucoup d'hybrides d'Azurées, non moins méritantes que celles qui précèdent. Il faut les classer d'après les principes que nous avons exposés.

V. Lanugineuses

Nous faisons entrer dans cette dernière section les hybrides ayant les plus grandes fleurs du genre, de couleur bleu clair, mauve, carnée ou blanche ; les sépales, larges, se recouvrant et donnant à la fleur la forme *rosacée.*

Inflorescence en bouquet, mais, souvent aussi, pédoncules uniflores.

Floraison longue, estivale (de juin à septembre), souvent remontante.

Fleurs rarement doubles.

Akènes plumeux, tourbillonnants des *Azurées*, rarement élargis et à pointe courte comme dans les *Viticelles*.

Les feuilles sont rarement tomenteuses comme dans les vraies Lanugineuses, mais les boutons sont souvent plus ou moins laineux, alors que les feuilles sont presque glabres.

Cl. *Lanuginosa perfecta*. (Frœdel.) *Lanuginosa* × *Hybrida. Splendida*. Cl. à six sépales, larges, mauve violacé.

Cl. *Lanuginosa superba*. Fleur violet foncé.

Cl. *Lanuginosa candida*. Fleur blanche. Floraison remontante.

Cl. *Lanuginosa nivea*. (Lem.) Fleur blanc pur.

Cl. *Lawsoniana* (And. Henry.) Fleur bleu lavande, remontante, mais printanière et à sépales onguiculés, comme les Azurées.

Cl. *Otto-Frœbel* (Frœbel.) Grande fleur, blanc rosé.

Cl. *Madame Emile Sorbet* (Paillet.) Boutons gros, villeux, sépales nombreux en rosace, beau violet-lilacé, devenant lilas clair. 1878.

Cl. *Duchesse de Cambacérès*. (Paillet.) Fleurs rosacées de vingt-deux centimètre, bleu ciel, à reflets chatoyants comme rosés. Longue floraison.

Cl. *Gigantea*. Blanc rosé devenant blanc pur ; très grande fleur, à huit ou dix sépales rosacés ; trés remontante.

Cl. *Ville de Paris* (Christen) De *Fair Rosamund* × *Lanuginosa*. Fleurs très-grandes de six à huit sépales, blanches, médiane d'un beau rose.

Cl. *La France*. Obtenue vers 1886, par M. Gégu, d'Angers, de *Lanuginosa*. × *Jackmani*. Boutons laineux, bien que les feuilles soient glabres. Grandes fleurs, bleu-cobalt-foncé, à sépales losangiques pointus, bords ondulés. Très belle hybride remontante.

Cl. *Docteur Blanchet* (Boisselot). Beau rose-lilacé-vineux.

Cl. *Reine des bleues* (Boisselot). *Lanuginosa*, × *Jackmani*.

Cl. *Bélisaire* (Lem). Grande fleur à huit sépales, beau lilas, médiane blanche.

Cl. *Eugène Delattre* (Christen). Fleur bleu lavande, boutons laineux.

Cl. *Madame Boselli* (Christen). Très remontante, fleurs grandes, sépales larges, étalés, rosacés, mauve, flamme rouge.

Cl. *Madame Thibaut.* Inflorescence des Lanugineuses ; fleur bleu-clair, lilacé ; très florifère. Akènes élargis et aplatis, indiquant une certaine alliance avec les Viticelles.

Cl. *Lady Bovill.* Bleu clair ou bleu ciel, floraison, juillet, août.

Cl. *The Président.* Fleur bleu-violet pourpré, superbe.

Nous terminons par ces listes incomplètes, ce que nous avions à dire sur les *Hybrides* ou *Clématites à grandes fleurs.* Notre but essentiel, était leur classement en groupes naturels basé sur les caractères botaniques des diverses sections, formées par les espèces primitives ou types spécifiques.

Nous avons trouvé dans nos cultures, et dans la collection du jardin des plantes du Mans, de nombreux sujets d'étude mais, nous aurions voulu en élargir encore le cercle, en réitérant nos visites, chez les grands horticulteurs, amateurs de Clématites, comme MM. Christen, à Versailles, Bouché à Paris, Flon et Détrichet, à Angers, etc...

Après plusieurs mois de grande sécheresse, la saison d'automne, qui s'annonce si pluvieuse en septembre, ne va pas favoriser la floraison remontante, dans ces *champs de Clématites* que j'ai vus si bien préparés à la fin de juillet.

MALADIE PARASITAIRE

Il est malheureusement un autre écueil pour les hybrides à grandes fleurs : c'est une maladie mystérieuse qui s'accroît chaque année, et constitue une vraie calamité, contre laquelle on n'a pas lutté jusqu'à ce jour. Il s'agit évidemment de l'invasion d'un nouveau *parasite Cryptogamique*, qui d'un jour à l'autre fait mourir subitement des plantes souvent en pleines fleurs, et avec les apparences de la plus belle végétation.

Il faut espérer, que ce champignon mieux connu, pourra bientôt être attaqué avec succès, et que ses ravages sur nos Clématites seront arrêtés.

UN MOT
SUR LA CULTURE DES CLÉMATITES

Les Clématites en général, ne sont pas difficiles sur le sol ; elles peuvent s'accommoder de tous les terrains pourvu qu'ils aient un peu de profondeur. Il n'en est pas moins vrai, qu'elles préfèrent un sol bien drainé, riche en humus et en bon terreau. Quelques-unes, comme les Atragènes et les Lanugineuses, préfèrent la terre de bruyère.

Ce qu'il faut avant tout aux Clématites, c'est une bonne exposition, de l'air et du soleil, comme elles en trouvent sur le sommet des buissons, ou sur le haut des treillages et des tonnelles. Leur culture sur pieux forts et assez élevés, est la plus simple et la plus pratique, mais, elle n'est pas paysagiste, comme l'abandon des grandes espèces grimpantes : la *Vitalba* et la *Montana*, qui atteignent la cime des grands arbres, formant des guirlandes ou retombant en lianes flottantes.

La plantation de la plupart des clématites au pied du tronc des arbres, sous un ombrage épais, est peine perdue. Là, généralement elles s'étiolent, ne fleurissent pas ou fleurissent mal.

La vraie culture des Clématites et la plus pittoresque est celle de la vigne en Italie, portée sur l'ormeau ou le murier blanc, de telle sorte, que l'arbre auquel on laisse tout juste assez de branches et de végétation, pour qu'il ne meure pas, serve de support à la liane qui l'enlace, et lui donne un luxe et une parure empruntés.

Dans les parcs et les grands jardins, il faut profiter de toutes les occasions de se défaire d'arbres devenus gênants ou trop ombrageants. Au lieu de les arracher, il faut les scier à deux mètres cinquante centimètres ou trois mètres du sol ; les laisser pousser quelques branches, qui font des súpports vivants et végétants de Clématites. On choisit celles-ci de diverses couleurs, fleurissant en même temps et remontant ensemble à la fin de la saison. C'est le moyen d'avoir une floraison perpétuelle et paysagiste sur un arbre dont on ne savait que faire.

Depuis que le greffage sur tronçon de racines a été généralement adopté, comme moyen de multiplication des Clématites, on a de jeunes plantes de même force, que l'on utilise pour faire de véritables corbeilles. C'est ainsi que les Azurées, qui ne prennent pas un grand développement, conviennent au printemps pour ce genre de culture.

On se sert également des Clématites, pour faire des bordures de corbeilles, pour garnir des clôtures basses, ou des cordons peu élevés au-dessus du sol.

Si les horticulteurs qui s'occupent spécialement des Clématites ont de vastes carrés et presque des champs de jeunes plantes greffées, élevées en pots que l'on enterre, ils en ont d'autres, en planches, dont ils attendent la floraison, celles qui proviennent de leurs semis de graines qu'il faut stratifier après la récolte, pour faciliter la germination l'année suivante.

Notre *Clematis Montana*, n'a pas besoin de ces soins, elle est si complètement naturalisée qu'elle se sème d'elle-même abondamment. Chez moi, il y en a des plants dans tous les coins du jardin.

La taille des Clématites doit-être faite avec intelligence et différemment suivant les sections. Les Viticelles, les Jackmani, les Lanugineuses, qui fleurissent sur les rameaux de l'année, peuvent être plus ou moins rabattues, surtout les deux premières, lorsque la période des froids est passée.

Les Floridées se taillent peu, autrement qu'en retranchant les rameaux qui ont fleuri l'année précédente, et en se guidant sur la végétation qui est très hative, et même continue dans les hivers doux.

Enfin, les Azurées, qui fleurissent sur le bois de l'année précédente, ne se taillent pas, au moins avant la floraison. On les nettoye des branches inutiles et des pédoncules porte-graines.

TABLE DES MATIÈRES

Troisième section

Quatrième section

Cinquième section

Sixième section

Septième section

Huitième section

Neuvième section

Typ. Ed. Monnoyer. — Octobre 96.

www.ingramcontent.com/pod-product-compliance
Ingram Content Group UK Ltd.
Pitfield, Milton Keynes, MK11 3LW, UK
UKHW012103240726
13965UKWH00004B/1512

9 782013 048026